U0363986

建筑的奇迹

标记世界文明史的 102座建筑

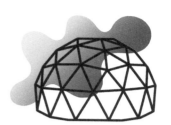

[波兰] 玛格达莱娜·耶伦斯卡 著

[波兰] 阿加塔·杜德克
马乌戈热塔·诺瓦克 绘　赵祯 译

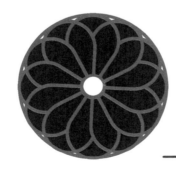

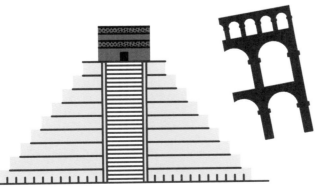

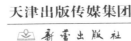

天津出版传媒集团

新蕾出版社

建筑要遵循的三要素：坚固、实用和美观。

——维特鲁威（约公元前1世纪，古罗马建筑师）

前言

文明的进步同建筑和建筑学的发展密切相关。早期原始人已经学会搭建房屋以抵御野兽、敌人和恶劣天气的侵袭。随着时间的推移，技术和材料不断革新，建筑从原始的棚草屋发展到今天越来越复杂的形态。

不少很久以前就已经出现的建筑理念和发明，至今依然为人们所用。有时发生变化的仅仅是它们的形式或功能。接下来，本书将为大家揭开建筑形式和材料的变迁奥秘，以此照见人类文明的发展历程。

目录

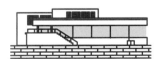

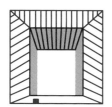

新经典文化股份有限公司
www.readinglife.com
出 品

第1章

石头

　　为什么从史前时代（石器时代）开始，石头就是建筑工程中最常用的材料？答案很简单，因为它坚固耐磨、不易损坏，既不怕火烧，也能抗住恶劣气候的考验。

　　石头是人类在建立栖息地时最早使用的建筑材料之一。最开始，人们用原始石器来捕猎、做饭、伐木和裁衣，还将岩洞作为庇护所，保护自己不受风雨、寒冷和野兽的侵袭。

　　古埃及、古希腊和古罗马人建造了许多石头建筑。人们根据石头的种类和硬度，研究对其抛光、打磨和雕刻的可能性，以此决定是把它用作结构材料还是装饰材料。几千年来，人们对石头种类的偏好一直在变化，比如，古罗马人偏爱紫色的斑岩，用它来制作皇室棺椁、雕像和柱子。

　　石头是天然的材料，切割手法、石面光洁度或颜色等稍有变化，就能打造出不同的建筑和室内装潢风格。

　　今天，天然石材与金属、玻璃、混凝土等现代建筑材料配合良好，但也有许多局限，使用率大大下降。新技术的出现使人们造出了与石头相似，但更容易加工的建筑材料。不过，它们还不能完全取代天然建材。

胡夫金字塔

地　　点：埃及，吉萨

建造时间：公元前2580年 — 公元前2560年

建筑用途：法老之墓

- 金字塔曾经是堆满金银珠宝的王族陵墓。古埃及人相信，法老在死后的世界也需要奢华的器皿和珠宝首饰。只可惜在之后的几千年里，金字塔中陪葬的日常生活用品和金银珠宝，几乎被盗墓贼偷得一干二净！

- 吉萨有好几座金字塔，胡夫金字塔是其中最大的，高达146.6米。因为年久风化，顶端剥落，现高136.5米。

- 有一个谜题至今未解：这座巨大的金字塔究竟是怎样建成的？金字塔上的每块石头都很大，平均重达2.5吨，总共约有230万块！

- 胡夫金字塔被认为是古代世界七大奇迹之一，也是其中唯一的"幸存者"。

- 最初，金字塔表面砌有一层抛光的白色石块，塔尖是黑色的闪长岩。

- 金字塔是根据一系列非常精密的数学计算和天文学规律建成的。比如这两条规律：正方形底座的四边准确地对应着东南西北四个方向；而正方形的周长除以金字塔高度的两倍，恰好等于圆周率π的数值。

帕特农神庙

地　　点：希腊，雅典

建造时间：公元前447年 — 公元前432年

建筑用途：供奉雅典娜女神

建筑设计：伊克蒂诺斯、卡里克利特

- 在古希腊，城市同时也是国家。城市国家由一座核心城市和周围乡村地区构成，也叫"城邦"。城邦中最强盛的是雅典，境内坐落着卫城①，卫城上有神庙建筑群。
- 其中最重要的神庙——帕特农神庙，是为城邦守护神雅典娜建造的。
- 这座神庙以其大气恢宏的形象被认为是古典建筑最理想、最完美的典范。
- 希腊的神庙和雕像都会被涂上颜料。如今我们看到的这座白色大理石神庙废墟，以前是彩色的！
- 神庙的每个部分都经过了精心雕琢。其中最重要的雕像是出自著名雕塑家菲狄亚斯之手的木制雅典娜神像。它全身镶嵌着象牙和黄金，位于大殿正中央。
- 神庙自建成后不断遭到破坏，到5世纪，它被改造成基督教堂。在接下来的几个世纪里，它充当过清真寺，曾被用作军火库，后不幸在爆炸中损毁。
- 19世纪初，英国大使埃尔金勋爵将帕特农神庙中大部分大理石雕塑运到了英国。今天，我们可以在大英博物馆看到它们。

---

① 卫城，意为"高处的城市"，是综合性的公共建筑，为宗教政治的中心，曾作为防范外敌入侵的要塞。

卡斯蒂略金字塔

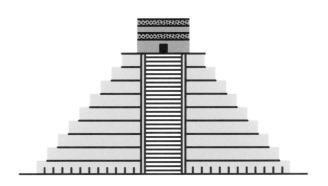

地　　点：墨西哥，奇琴伊察

建造时间：9世纪 — 12世纪

建筑用途：祭祀羽蛇神库库尔坎

- 卡斯蒂略金字塔坐落在奇琴伊察，阶梯式的石头金字塔顶部是一座为祭祀羽蛇神库库尔坎建造的神庙。
- 库库尔坎在玛雅语中的意思是"长有羽毛的蛇神"，传说它掌管着风、火、水、土，象征着风调雨顺。
- 这座金字塔的构造同玛雅历法息息相关，其建造者熟练地运用了当时先进的天文学和数学知识。
- 金字塔有4面，每一面都有通向塔顶的阶梯。每面有91级台阶，加上塔顶的神庙台阶一共是365级台阶，总数正好是一年的天数。所以每走一级台阶，就象征着度过了一天。
- 每年春分和秋分，在阳光的照射下，塔身西北的外墙角会在台阶北侧投下影子，就像一条从塔顶蜿蜒而下的蛇。
- 台阶的最下面雕刻着形似羽蛇神的浮雕。
- 这座金字塔于1988年被联合国教科文组织列入《世界遗产名录》，2007年又被列为"世界新七大奇迹"之一。

万里长城

地　　　点：中国

建造时间：公元前3世纪 — 公元17世纪

建筑用途：防御

- 万里长城是世界上最大的军事防御建筑。
- 长城的修建和维护历经十几个朝代，持续2000多年，它曾守护中原地区不受北方游牧民族侵扰。
- 长城并不是连续不断的，它蜿蜒20000多千米，由数段组成！其宽度根据地形而定，一般为5米~8米。
- 城墙每隔一段就建有烽火台，当年用它来快速传递敌袭信息。如遇敌情，晚上士兵会在烽火台点火，白天则点烟。
- 长城跨越多个城市，不同段由于建造时间和地点不同，使用的材料也不同。地基大部分用黄土等材料夯筑，小部分用切割成长方体的石块铺就，这种石块也被用来建造内外城墙和城门。地基以上的路面则用砖砌成。
- 你可能想象不到，一部分长城在修建时，砖和砖之间竟然是用糯米汁来黏合的，而且效果很不错！
- 1987年，长城被联合国教科文组织列入《世界遗产名录》，2007年又被列为"世界新七大奇迹"之一。

伦敦塔里的白塔

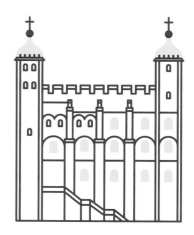

地　　　点：英国，伦敦

建造时间：1078年 — 1097年

建筑用途：居住和防御等

- 伦敦塔是以白塔为中心的一组塔群建筑，它的建造与英国重要历史事件有关。起初建伦敦塔的是"征服者"威廉一世——诺曼底公爵。他在1066年攻下英格兰，成为英格兰国王。
- 伦敦塔的中心是既可以居住，也可以用来防御的白塔。它曾是国王的寝宫，是整座塔中最坚固的部分。
- 白塔由质地坚硬的灰蓝色肯特石灰岩，以及从法国北部城市卡昂运来的奶白色花岗岩建造而成。
- 塔里坐落着圣约翰教堂，它是伦敦现存最古老的教堂，为诺曼底式建筑①。
- 塔内存放着英格兰国王的珠宝和象征王位的王冠、戒指、十字圣球和权杖。
- 乌鸦是伦敦塔的象征。传说乌鸦在塔里生活到什么时候，大英帝国就会延续到什么时候。

---

① 诺曼底式建筑，在英国得到进一步发展的罗马式建筑。

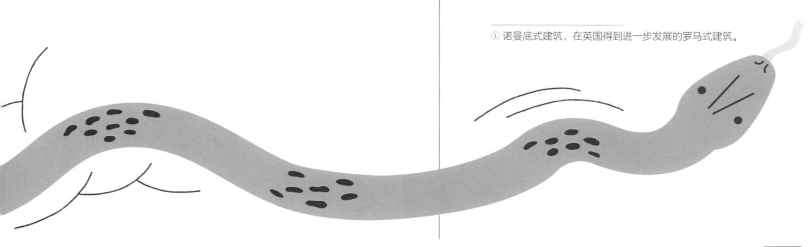

蒙特城堡

地　　点：意大利，安德里亚
建造时间：13世纪中期
建筑用途：一般认为起初是狩猎行宫，后变成监狱

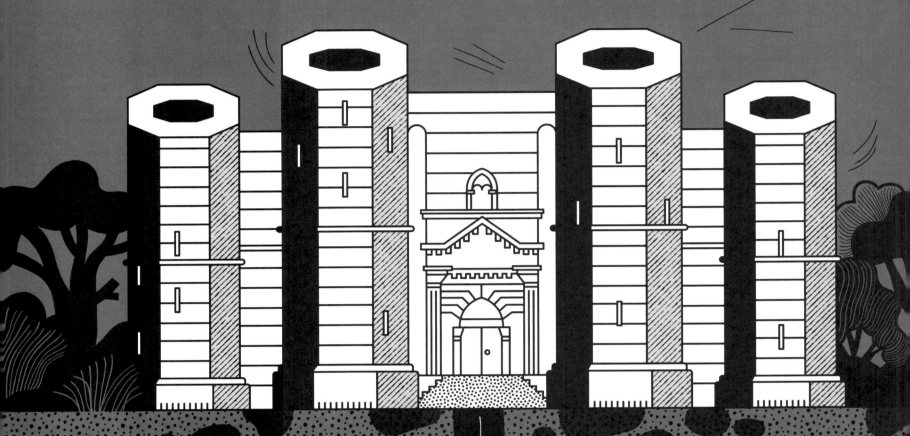

- 这座位于山上的城堡造型别致，且完美对称。整座建筑呈八边形，8个角上各有一座八边形塔楼，中间是八边形的空地。整座城堡看起来就像一顶王冠！
- 这是一座世俗建筑，却采用了宗教建筑常用的正八边形结构，显得庄严而厚重。
- 城堡由棕灰色石头建成，共2层，每层8间，俯瞰都呈梯形。城堡的大理石城墙外壁、马赛克装饰、锡釉彩陶和壁画等曾多次遭遇毁坏和盗窃。

- 监督城堡建造工程的腓特烈二世崇尚阿拉伯文化，喜欢淋浴。城堡里曾有先进的卫生排水系统，顶部的蓄水箱能收集雨水，供给城堡中的厕所、浴室、带喷泉的庭院，以及庭院下方的蓄水池。
- 1996年，这座城堡被联合国教科文组织列入《世界遗产名录》。

岩石教堂

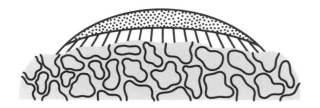

地　　点：芬兰，赫尔辛基
建造时间：1968年 — 1969年
建筑用途：宗教活动
建筑设计：索马莱宁兄弟

- 你有没有见过建在地下的教堂？芬兰就有一座。建筑师在一大块花岗岩里凿出了这座教堂，它看上去就像远古时期爱尔兰的坟墓遗址。整座教堂只有玫红色的穹顶露出地面，教堂穹顶和岩壁结合处镶嵌着一圈玻璃窗，阳光由此照进，倾洒入整座教堂。
- 凹凸的岩壁营造了完美的听觉环境，因此这座教堂也是举办音乐会的好地方！
- 教堂坐落在岩石广场，在周围楼房的映衬中分外醒目。自建成以来，它就成了赫尔辛基最著名的旅游景点之一。

瓦尔斯温泉浴场

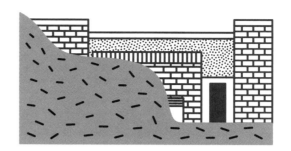

地　　点：瑞士，瓦尔斯
建造时间：1996年
建筑用途：水疗中心和酒店
建筑设计：彼得·卒姆托

- 建筑师本人曾这样描述自己的建筑灵感："整座浴场由山、水、石构成，用石头建造的建筑坐落在群山之上，又隐没在群山之中。"
- 这是一座建在温泉泉眼上的水疗中心。在这里，游客可以捕捉蒸腾雾气里变化的光影，感受温热的石头与肌肤接触的熨帖，聆听泉眼咕嘟咕嘟流涌的声响……最舒服的享受不过如此！
- 温泉浴场由六万块当地石材建成。
- 它有一半开凿在山体之中，看起来很像原始山洞或采石场。天然温泉的袅袅水雾为这里营造了一种神秘的氛围，使这里特别适合静养和休息。有谁能拒绝在这里来一次水疗呢？

宁波博物馆

地　　点：中国，宁波
建造时间：2008年
建筑用途：博物馆
建筑设计：王澍

- 初看这座建筑，你或许会觉得：这不就是一个用各种材料拼成的歪七扭八的"大盒子"吗？盒面上都是随机挖出来的洞，洞口是一扇扇小窗户。

- 看上去的确如此！这座建筑的外墙上满是伤痕累累的砖瓦，有20多种灰色或红色的砖头和瓦片。城市扩建之前，曾有居民生活在这片区域，这些砖瓦都是从老建筑上拆下来的，其中最古老的砖可能有2000多年历史！建筑师想通过这座大量使用回收建材的博物馆，展现当地独特的建筑风格，唤起人们对传统房屋的记忆。

- 在建造博物馆墙壁时，建筑师使用了竹条模板①混凝土。宁波经常有台风过境，使用竹子建造曾经是当地防御台风最传统、最便宜的办法。

- 这座建筑虽然外形上像是一座难以进入的堡垒，但内部其实是3层的博物馆，里面陈列着许多承载当地历史文化的、非常有趣的展品。

- 2009年，这座博物馆获得了中国建筑行业最高荣誉奖项——鲁班奖。

① 模板，浇筑混凝土和砌筑砖石拱时，为保证形状尺寸和相互位置的正确而使用的模型。

第2章

砖

　　砖是人们熟悉的建筑材料。起初，古人将黏土或淤泥做成砖坯，放在阳光下晾干硬化。渐渐地，人们学会了烧制砖，用砖造的房子更加坚固，这使得很多砖房得以保存至今。

　　中世纪的西方人用砖修建教堂、城堡和防御墙，也学会了用砖做装饰。一些国家因为缺少可用的石材，把砖当作基本的建筑材料。即便是在盛产石材的国家，砖造建筑也很普遍。这主要是因为砖的造价相对低廉，易于生产，用它造房子很快就能建好。直到20世纪，由于混凝土楼房和大板房①的出现，砖房才不再那么流行。

　　为适应人们的需求，砖的规格也在不断变化。今天，砖的国际标准规格是240毫米×115毫米×53毫米。

---

① 大板房，用钢筋混凝土制成大板，通过拼合和焊接搭建而成的一种房子。

乌尔塔庙

地　　点：美索不达米亚，乌尔（今伊拉克）

建造时间：约公元前2100年

建筑用途：供奉月神

- 这座诞生于美索不达米亚的建筑是一座塔庙。它的每一层都比下一层小，看起来是不是很像婚礼蛋糕？塔庙一般由多层塔组成，每两层之间有阶梯连接，由下往上面积递减。塔顶上就是庙。
- 乌尔塔庙有三层台基。塔庙由土坯砖建成，外层围了一圈烧制砖，很多砖层台基上都留有皇室标志和印章。
- 乌尔塔庙为祭祀月神而建，当地人感谢月光为夜行的商队驱散黑暗。
- 1922年，乌尔塔庙被英国考古学家查尔斯·伦纳德·伍莱发现。
- 塔庙在古时就被重修过。20世纪后半叶，当时的伊拉克领导人主持展开了塔庙的全面修复工作。

无畏山舍利塔

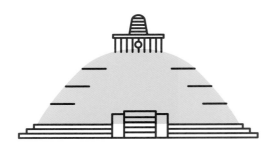

地　　点：斯里兰卡，阿努拉德普勒
建造时间：公元前1世纪
建筑用途：宗教活动

- 无畏山舍利塔的外形看起来很像一口钟。这座塔刚竣工时，可是当时世界第三高的建筑，前两座分别是胡夫金字塔和卡夫拉金字塔。今天，它依然是世界上最大的砖造建筑之一。据说，塔最初高122米，但现在只剩下75米左右。整座塔一共耗费了超过9000万块砖。
- 为了让舍利塔更加牢固，每砌好一层，工人们都会让大象上去踩实！
- 现在给大家讲一个像《睡美人》一样的故事：在10世纪和11世纪之交，阿努拉德普勒因遭遇外敌入侵而逐渐荒废，变成了一座空城，包括这座塔在内的所有建筑都被丛林湮没。直到1820年，英国探险队才重新发现这座神秘的城市。虽然挖掘工作有条不紊地推进着，但有些建筑的清洁和翻新工作至今依然没有完成。
- 1982年，阿努拉德普勒被联合国教科文组织列入了《世界遗产名录》。

圣母升天圣殿

地　　点：波兰，格但斯克
建造时间：1343年 — 1502年
建筑用途：宗教活动

- 这座建筑的建造工程早在中世纪就开始了，那时格但斯克还隶属于条顿骑士团，直到159年之后，建筑才真正完工。
- 它的规模让人震惊，是世界上最大的砖砌教堂之一。
- 这是一座哥特式建筑，侧廊和中殿一样高。通往殿内的入口一共有7个，正对着周围的街道。
- 在殿内抬头仰望，会看见哥特式建筑特有的天花板造型：网状拱顶、星形拱顶和钻石拱顶。
- 其中较高的一座塔楼高82米，顶部有观景台。
- 如果你有机会参观梵蒂冈的圣彼得大教堂，请留意中殿的地面，那里标注着各个国家最大教堂的规格。代表波兰的就是这座全长达105米的圣母升天圣殿！
- 第二次世界大战时，这座建筑部分被毁，不过现在已经恢复原貌，很难分辨出哪些是重修的部分，因为修复工程中用来填补教堂墙壁的砖头，来自其他被毁的中世纪建筑。
- 在二战之前，这里就存放着汉斯·梅姆林的画作《最后的审判》。不过，现在这里挂的是复制品，真迹已经被格但斯克国家博物馆收藏了。

马尔堡城堡

地　　点：波兰，马尔堡

建造时间：13世纪 — 15世纪

建筑用途：防御兼居住

- 想必很多人听说过条顿骑士团，但不一定了解马尔堡城堡。马尔堡曾经是条顿骑士团的总部和首都，而马尔堡城堡则是世界上最大的哥特式城堡之一。它由3个部分组成：最早建成的高堡和后来建成的中堡及外堡。整个建筑群位于诺加特河岸，外围是防御城墙，部分城堡前围绕着护城河。
- 从15世纪后半叶到波兰第一次被瓜分之前，这座城堡一直是波兰国王的行宫，随后归普鲁士所有。普鲁士人把它用作军营、马厩和仓库等。二战时，城堡遭到毁坏，直到二战后，波兰政府才重修了城堡！
- 如今，重修过的城堡一共有1200万~1500万块砖。但是根据文物修复员推断，当年的原始建筑一共用了3000万~5000万块砖！
- 1997年，城堡被联合国教科文组织列入《世界遗产名录》。

阿姆斯特丹证券交易所

地　　点：荷兰，阿姆斯特丹

建造时间：1896年 — 1903年

建筑用途：最初为证券交易大楼，如今用来举办展览、音乐会和会议等

建筑设计：贝尔拉格

- 你知道证券交易其实是荷兰人发明的吗？20世纪，人们为此修建了这座红砖建筑。大门入口旁有一座40米高的钟塔。时钟提醒着你时间，而股票的走势也随时变化！这座钟塔是整座建筑中为数不多的装饰之一，因为建筑师想要呈现不加装饰的纯粹之美。除此之外，只有角落里摆放了3座与城市历史有关的人物雕像。
- 试想，如果你是阿姆斯特丹当年的居民，会喜欢这座新建的大楼吗？它虽然采用了砖头这一传统建筑材料，但风格同城市中装饰丰富的传统建筑相去甚远。事实上，它那严肃端正的风格、如同工厂一般的外观与其他建筑格格不入，起初并不受欢迎。然而，它的建成为建筑学带来了新的审美风格，影响了当时正在蓬勃发展的阿姆斯特丹建筑学派。
- 如今，这座建筑已成为举办展览和音乐会的地方。2002年，荷兰国王威廉·亚历山大的婚礼就是在这里举行的。

格伦特维教堂

地　　点：丹麦，哥本哈根

建造时间：1921年 — 1940年

建筑用途：宗教活动

建筑设计：琰森·克林特

- 为了纪念丹麦历史上备受尊敬的作家、诗人——格伦特维，教堂在他生日那天奠基。
- 建造这座建筑一共使用了将近600万块在哥本哈根西兰岛烧制的黄砖——砖是丹麦当时常用的建筑材料。它的结构和装饰风格参考了丹麦传统宗教建筑的风格。施工之前，琰森·克林特还详细研究了丹麦乡村许多房屋的风格。

- 这座建筑的外观是不是很像放大版的管风琴？
- 周围的民用建筑同它形成了和谐统一的整体：所有房屋都用黄砖建成，都有高高的阶梯形尖顶。
- 这座建筑还没建成时，琰森·克林特就去世了。他的儿子考尔和孙子伊斯本接过了先辈的接力棒，最终完成了全部工程。

珊纳特赛罗市政厅

地　　点：芬兰，于韦斯屈莱市
建造时间：1949年 — 1951年
建筑用途：市政厅
建筑设计：阿尔瓦·阿尔托

- 在许多国家，市政厅，也就是市政府办公地，曾经是城市里最重要的建筑之一。

- 这座市政厅的建筑师参考了欧洲许多传统建筑进行设计：使用传统的建筑材料——红砖；中央庭院的布局灵感来意大利文艺复兴时期的建筑；通向庭院的台阶上长满了青草，这是参考芬兰本地的建筑特色。

- 市政厅作为小城中心，建筑风格充分考虑了当地的自然和人文条件，因地制宜，很好地融入了周围环境。

欧洲汉萨博物馆

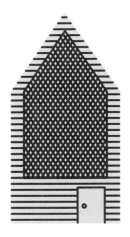

地　　点：德国，吕贝克
建造时间：2012年 — 2015年
建筑用途：博物馆
建筑设计：安德烈亚斯·海勒建筑设计事务所

- 吕贝克曾经是汉萨同盟^①的总部所在地，后人为了纪念，决定在这里建一座欧洲汉萨博物馆。博物馆矗立在砖砌古建筑群中，这片区域是城中最古老的地方。
- 这座建筑连接了过去和现在。外墙的样式参考了中世纪的古城墙，而古城墙遗址就在不远处。采用的砖块有些被特意敲坏了一小部分，有些表面凹凸不平，这样特意做旧，是为了让建筑看起来更古老、更有年代感。而博物馆笔直的线条又显得非常现代化，两种感觉在此形成奇妙的碰撞与交融。
- 建筑的其中一面墙上有大面积以四叶饰为原型的镂空装饰结构。每个孔看上去都像有4片花瓣的花朵，这是哥特式建筑最常用的装饰之一。
- 博物馆在2017年获得了德国建筑博物馆奖（该奖项由德国建筑博物馆颁发给境内最优秀的建筑设计作品），同时也被提名了欧洲联盟当代建筑奖——密斯奖。

① 汉萨同盟，13 世纪时，以德国部分城市为主的商业政治联盟，后解体。

波兰卡廷博物馆

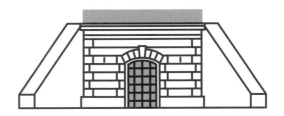

地　　点：波兰，华沙
建造时间：2010年 — 2013年
建筑用途：博物馆
建筑设计：BBGK 建筑设计事务所

- 你参观过华沙城堡吗？对波兰人来说，那是一个有着悲痛历史的地方。为纪念第二次世界大战时发生的大屠杀惨案，人们在它的南边建了卡廷博物馆，博物馆由3座砖砌古建筑和新建的染色混凝土建筑组成。博物馆位于一座公园中，和公园共同组成了一个整体。
- 人们会在这里回顾历史，祭奠那些为保卫国家而牺牲的英雄们。其中一位建筑师说："两堵12米高墙之间有一条狭窄的通道，向下通往刻着遇难者名字的石碑，向上通往天空和光明。"一切设计都是为了充分衬托那些触动人心的展品。
- 新技术使新建筑和旧建筑成功相连，十分和谐。
- 2017年，该设计获得了波兰砖筑奖评比赛冠军。
- 它还是当年密斯奖总决赛的五个入围项目之一。

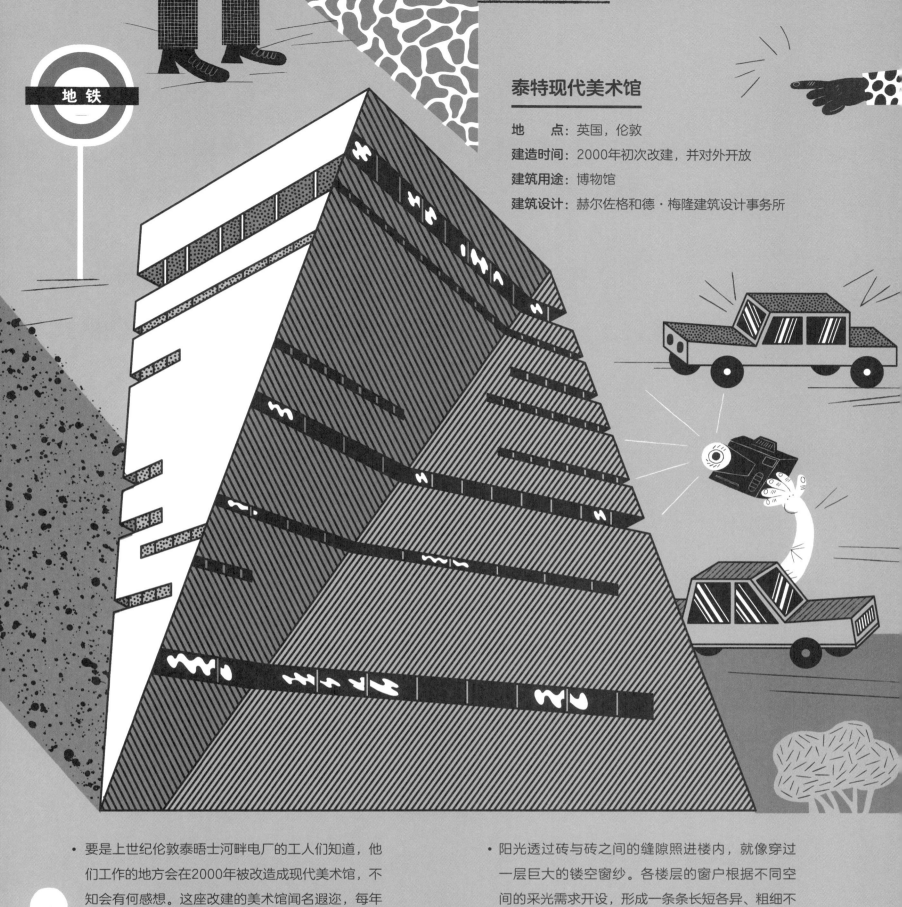

泰特现代美术馆

地　　点：英国，伦敦

建造时间：2000年初次改建，并对外开放

建筑用途：博物馆

建筑设计：赫尔佐格和德·梅隆建筑设计事务所

- 要是上世纪伦敦泰晤士河畔电厂的工人们知道，他们工作的地方会在2000年被改造成现代美术馆，不知会有何感想。这座改建的美术馆闻名遐迩，每年访客超过550万！

- 为了增加展厅面积，提供多样化的展览空间，2016年，它的旁边又增添了新的建筑。接下这个任务的还是同一家建筑设计事务所——赫尔佐格和德·梅隆建筑设计事务所。他们设计了一座10层大楼，大楼的多处墙角都是锐角。整座楼为混凝土结构，外层是336000块砖砌成的"网格外衣"。

- 阳光透过砖与砖之间的缝隙照进楼内，就像穿过一层巨大的镂空窗纱。各楼层的窗户根据不同空间的采光需求开设，形成一条条长短各异、粗细不等的"线"，横穿这座"高塔"。楼内包括画廊、酒吧、餐厅、教室、办公室、走廊等多种空间。

- 楼顶是露台，从这里可以俯瞰伦敦。

- 新建的大楼和美术馆采用同样颜色的砖，很好地融为一体。

第3章

混凝土

　　在国外，很多人会形容某件事"像混凝土一样"，意味着这件事是确定、持久、不变的。古罗马人发明的混凝土主要是以石灰、碎石、活性火山灰等为原料的混合物。这种混合物凝固后会变成类似天然石块的材料。它曾经被用来建造神庙、高架渠和道路，也被用来建造门拱和穹顶。

　　罗马帝国衰落后，混凝土也销声匿迹了。在接下来的几个世纪里，许多建筑的材料都是砖和石头。直到19世纪，人们才研制出新的混凝土并广泛运用。

　　钢筋混凝土，也就是加入钢筋的混凝土，可以增加建筑物的牢固性。

　　在自然条件下，混凝土呈灰色。不过它可以被染成任何一种颜色，也可以被抛光和上漆，凝固前还可以被塑造成各种形状。这些特性给建筑造型带来了更多有趣的可能！

　　今天，它已经成为使用最广泛的建筑材料之一。

古罗马斗兽场

地　　点：意大利，罗马
建造时间：72年 — 80年
建筑用途：专供观看角斗

- 你可能听说过角斗士比赛和人兽角斗的竞技活动，这些活动一般在露天圆形竞技场进行，而全世界最大的竞技场就是古罗马斗兽场，也叫作弗拉维圆形剧场。斗兽场长径约189米，短径约156米，通往内部的入口一共有80个，配合独特的楼梯系统，能让所有人在15分钟内离开斗兽场！
- 古罗马斗兽场能容纳5万~8万名观众。据说，"斗兽场"这一名字源自曾经矗立在它旁边的罗马皇帝尼禄的巨型雕像。
- 斗兽场的外墙由石头和砖建成，但在建拱顶和内墙时，还用到了凝灰岩（一种火山碎屑岩）制成的混凝土。
- 场内的舞台下设置了许多关野兽的笼子，还有给角斗士准备的房间。
- 为了防晒和挡雨，古罗马人还在观众席上支起天篷。今天，游客们如果仔细观察，还会发现斗兽场顶端有为固定天篷而凿的洞。
- 古罗马斗兽场的最后一场竞技在526年举行。随着时间流逝，这座露天圆形剧场渐渐破败。一是因为地震等自然灾害，二是因为一些古罗马人把这座建筑当成了采石场，盗走了大量建筑材料！许多保存至今的罗马建筑用的就是斗兽场的石头。这种人为破坏直到18世纪才被制止。

英格尔大厦

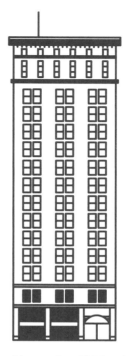

地　　点：美国，辛辛那提
建造时间：1903年
建筑用途：办公
建筑设计：辛辛那提埃尔泽和安德森建筑设计事务所

- 现在，高楼大厦已经很常见了，但是在100多年前，人们会为之震惊，英格尔大厦当然也不例外——它是世界上第一座钢筋混凝土结构的大厦！1902年以前，全球最高的钢筋混凝土建筑只有6层高，而英格尔大厦却有16层高！这座大厦刚建成时，很多人不相信它会一直屹立不倒，曾经有记者整夜不睡，就想成为见证大厦倒塌的第一人。
- 它就像一个混凝土盒子：地板、屋顶、横梁是混凝土制成的，有钢筋支撑的承重柱还是混凝土制成的。从外部看不出大楼的构造，低楼层外覆盖着白色大理石，高楼层外铺设灰砖和白陶瓦。一直到1923年，它都是世界第一高的混凝土大厦。
- 申请建造大厦的时间远比建它的时间要长。建筑师花了整整两年时间才说服市政府通过这个项目，随后只用8个月就建好了大厦！今天，这座大厦不仅没倒，而且还在使用中。

索尔克研究所

地　　点：美国，拉霍亚
建造时间：1962年 — 1965年
建筑用途：生物研究所
建筑设计：路易斯·康

- 乔纳斯·索尔克是一位科学家，他在1955年研发出了脊髓灰质炎灭活疫苗。脊髓灰质炎曾经是最危险、最难医治的疾病之一，20世纪中叶以前长期威胁着人类的健康。索尔克的愿望是建立一所特殊的研究中心，让科学家可以在这里一起合作、实验，互相交流经验。

- 以他名字命名的研究中心就建在美国海岸线上。它由2个建筑群组成，对称分布在广场两边，中间有一条人工水渠。广场上则铺着一种叫作洞石的岩石。建筑楼体由混凝土筑成，表面还能看见木制模板拆除后留下的痕迹。楼体材料的配方在仿照古罗马混凝土的基础上，还多加了火山灰，使建筑呈现出温暖的粉红色。大楼的窗框则是柚木制成的。

- 很难想象，楼内开阔的实验室布局参考的竟是中世纪的建筑，重点参考了意大利亚西西的圣方济各圣殿的回廊。建筑内部可以随意设计空间格局，因为任何楼层都没有间隔的墙壁。窗户和灯用钉子固定，可以拆下或移动，这样的设计能满足不同团队的工作需要。在这里工作的科学家认为，大楼原始简约的建筑风格同窗外开阔的大洋风景完美契合，为科研工作提供了良好的环境。

朗香教堂

地　　点：法国，浮日山区
建造时间：1950年 — 1955年
建筑用途：宗教活动
建筑设计：勒·柯布西耶

- 这座建筑像不像一座白色雕像？它建在山顶，有着厚重、弯曲的白色墙壁。山顶四方起伏的水平线，是其独特布局的灵感来源。弯曲的混凝土屋顶像贝壳、船身，也像机翼。屋顶和侧墙之间的10厘米缝隙，让屋顶看上去就像悬浮在整座房子上面。
- 墙上不规则排列的窗户是整座建筑中非常有吸引力的设计。外墙窗户的开口设计得比较小，越往里开口越大，让阳光可以尽可能多地照射进来。

- 光线穿过彩色玻璃，在室内的白墙上投射出不同的图案，也透过屋顶下的缝隙倾泻下来。光影流转之间，室内形成了一种神秘的氛围。
- 这里曾经有一座建于15世纪的建筑，但在二战时期被毁。
- 这座建筑的设计别具一格，混凝土出色的可塑性赋予了它那流畅优美的线条。
- 它也是许多建筑师心中的典范。

悉尼歌剧院

地　　点：澳大利亚，悉尼
建造时间：1959年 — 1973年
建筑用途：歌剧院
建筑设计：约恩·乌松

- 悉尼歌剧院的设计者——丹麦建筑师约恩·乌松在2003年获得了普利兹克奖。评审团在颁奖词中写道：他总是领先于他的时代，作为当之无愧的少数几个现代派代表人物之一，他将过去的世纪和永恒不朽的建筑塑造在一起。
- 1956年，悉尼市长发起了悉尼歌剧院的设计竞赛。竞赛的优胜者约恩·乌松设计了一座矗立在巨大平台之上，由混凝土、玻璃和钢铁制成的建筑。这座建筑最有特色的地方是屋顶。屋顶的形状有没有让你联想到什么？乌松希望建筑顶部像一重重巨大的扇形白帆，白色的帆与周围蓝色的大洋形成强烈反差。屋顶也会让人联想到贝壳和被掰开的橙子。
- 它是用预先涂好漆的混凝土预制件①铺成的，尽管从远处看呈白色，但实际上，表面覆盖的瓷砖有两种颜色——闪闪发亮的白色和亚光的米黄色。瓷砖产自瑞典，饰有V形图案。屋顶上一共铺设了1056066块瓷砖，花费了11年！
- 1973年，英国女王伊丽莎白二世为这座建筑剪彩。2007年，悉尼歌剧院被联合国教科文组织列入《世界遗产名录》。
- 出于各种原因，乌松在剧院竣工之前就离开了澳大利亚，再也没有回来。

---
① 预制件，预先制好的建筑模板。

里斯本世界博览会葡萄牙馆

地　　点：葡萄牙，里斯本
建造时间：1995年 — 1997年
建筑用途：展览
建筑设计：阿尔瓦罗·西扎

- "海洋，未来的财富"是1998年葡萄牙里斯本世界博览会的主题，追溯了葡萄牙昔日作为海洋霸主的荣光。阿尔瓦罗·西扎为世博会主展区的入口设计了一扇巨大的门，门外就是大洋，这道门指向地理大发现时期航海队伍出发的路线。
- "大门"由2个门廊组成，中间用屋顶连接。屋顶看起来薄如纸张，令人惊讶的是，它长70米，宽50米，却只有20厘米厚！它由强化混凝土制成，表面刷了一层白漆。在屋顶的衬托下，两旁巨大的支柱也显得轻盈起来！
- 世博会结束后，这扇大门被保留了下来。展厅内的设计也很灵活，方便日后调整空间布局。
- 里斯本附近经常发生地震，而展览馆的支柱和屋顶是相对独立的结构，有利于抗震。

21世纪艺术博物馆

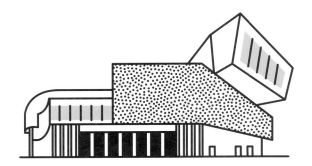

地　　点：意大利，罗马
建造时间：2010年
建筑用途：博物馆
建筑设计：扎哈·哈迪德

- 罗马以历史古迹闻名。2010年，这里的胜地名单上迎来新成员——21世纪艺术博物馆。
- 出入博物馆很方便，从路边的商店就可以进入，从另一边的花园也能进去。进去之后，就会看到里面线条流畅、与周围和谐统一的混凝土制弧形墙。博物馆多处使用玻璃，所以尽管面积不大，也并没有拥挤的感觉。它的建造者是"曲线女王"扎哈·哈迪德。2004年，她成为第一位获得普利兹克奖的女性建筑师。
- 大厅的黑色楼梯仿佛悬浮在半空中，分别通向博物馆的不同角落。一部分台阶上有孔也有洞，一部分台阶上安装有照明设施。有的走廊尽头是一块大玻璃，可以看见外面的城市美景，日光也可以透过玻璃照进馆内。
- 2010年，这座博物馆获得英国斯特林大奖。这项大奖专门颁发给英国最优秀的建筑师们。此奖也是为了肯定扎哈·哈迪德为英国的建筑业做出的卓越贡献。

科尔多瓦综合行政中心

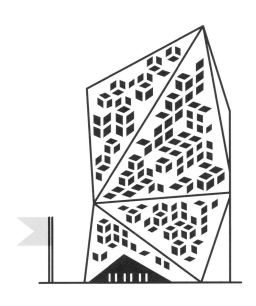

地　　点：阿根廷，科尔多瓦
建造时间：2012年
建筑用途：行政办公
建筑设计：GGMPU建筑设计事务所、卢西奥·莫里尼建筑设计事务所

- 你有没有用纸剪过图案？阿根廷办公大楼表面的图案看上去就像用白纸剪出来的。
- 科尔多瓦是阿根廷第二大城市，以拥有众多古迹而闻名。这座综合行政中心就坐落在古城的边缘。
- 综合行政中心建有两座楼，主要建筑材料是混凝土。其中一座建筑的墙壁由三角形平面组成，看起来就像一座巨大的雕塑。阳光洒在墙体上，随着时间流动变换，形成了有趣的光影游戏。
- 墙壁上凿出来的菱形孔是窗户，整个墙面看上去就像一幅剪纸画！
- 另一座建筑的结构相对简单，上面也有菱形图案，不过要大一些。屋顶外围是一圈金属网，上面则种着花花草草。
- 综合行政中心建在一片浅水池边，人们可以随时欣赏它的倒影。

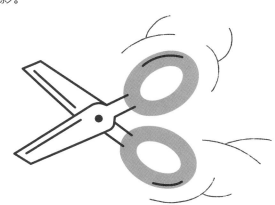

罗伯托·加尔萨沙达中心

地　　点：墨西哥，蒙特雷
建造时间：2013年
建筑用途：建筑和设计学院
建筑设计：安藤忠雄

- 日本最杰出的建筑师之一——安藤忠雄居然是自学成才的！也就是说，他并没有取得正式的建筑学学位。
- 他最喜欢的建筑材料是清水混凝土。正如普利兹克奖评审团所说："安藤忠雄要求混凝土在生产和倾倒时绝对精确，以达到干净、光滑、造型完美的状态。"
- 罗伯托·加尔萨沙达中心是蒙特雷大学打造的建筑和设计学院。安藤忠雄给这座建筑起名为"创造之门"。

- 这是一座可容纳300多名学生的6层混凝土建筑。建筑下面空出了一条通往大学校园的三角形通道。学生们穿过这条通道，开启求学之路。
- 建筑外观线条简单，构成统一的整体，通道内的混凝土墙壁上均匀装饰着竖条纹，整个通道有类似岩石的结构。阳光照进设计独特的通道，为整座清水混凝土建筑增添生机。安藤忠雄设计的大部分建筑，最大的特点就是能与周围环境和谐共处。

第4章

玻璃

你知道玻璃早在几千年前就出现了吗？在古代，玻璃是贵重物品，人们用它来制作珠宝和器皿。在古罗马的庞贝城，最富有的人家里几乎都装有玻璃窗。在接下来的几个世纪里，随着技术不断进步，人们生产出了五彩的花窗玻璃和质量更好的透明无色玻璃，但由于产能有限，玻璃依然被视为富有和奢华的象征。毋庸置疑，玻璃是一种理想的建筑材料，它给建筑带来轻盈感，还能保持室内温度，同时保证建筑内部光线充足，让室内的人能看到外面，而不会像其他材料一样，将建筑与周围环境分割开来。

玻璃作为建筑材料的"成功之路"，始于19世纪后半叶。当时，伦敦建成了世界上第一座玻璃大楼。但直到20世纪，人们才继续完善这一材料，改进工艺，生产出厚度均匀、表面光滑的玻璃。得益于此，后来才建成了许多广为人知的玻璃建筑。

玻璃在建筑中被当作结构元素、绝缘材料和外墙装饰使用。它与混凝土、钢铁一起成为今天建筑业最常用的三大材料。玻璃不仅能用来建造简单的样式，还能用来建造风格多样、造型丰富的房子。

水晶宫

地　　点：英国，伦敦
建造时间：1851年
建筑用途：展览
建筑设计：约瑟夫·帕克斯顿

- 第一届世博会，也就是展示世界各地商品的万国博览会，于1851年在伦敦举办。
- 作为展会的组织者，阿尔伯特亲王希望通过这次展会巩固英国世界工业领导者的地位，并促进国际贸易，以此为目的建成了这座展览馆。它主要由铸铁和玻璃组成，宛如一个巨大的玻璃棚，它的规模和独特的建筑材料让人惊叹！水晶宫是世界上第一座完全由预制件组装而成的建筑，也是当时最大、最现代的玻璃建筑。
- 展馆占地面积将近70000平方米，约有10个足球场大小。展厅里安放了连起来总长达13千米的长桌展台。
- 展会期间，三分之一的英国民众都去参观了！
- 展览结束后，人们将这座玻璃建筑搬到了伦敦南部。不幸的是，1936年，它被一场大火烧毁了。
- 水晶宫的设计者，身为园丁和建筑师的约瑟夫·帕克斯顿被维多利亚女王封为骑士。
- 建筑草图是帕克斯顿坐火车时用钢笔在便利贴上画出来的，如今保存在维多利亚与艾尔伯特博物馆里。

法古斯工厂

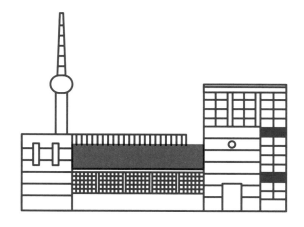

地　　点：德国，阿尔费尔德
建造时间：1911年 — 1925年
建筑用途：鞋厂
建筑设计：瓦尔特·格罗皮乌斯和阿道夫·迈耶

- 提起工厂，很少能让人联想到新潮的现代建筑，但是阿尔费尔德的这家鞋厂是个例外。它象征着现代建筑结构的技术进步——建筑外墙得到了"解放"。以钢铁为框的玻璃窗从地面一直延伸到天花板，形成大片连续轻质的幕墙，这面墙不能支撑天花板，仅能将室内与外界分隔开，抵御严寒等糟糕的天气。
- 瓦尔特·格罗皮乌斯是这座建筑的建筑师之一，他认为工厂应该成为"工人的宫殿"，便引入大量的自然光照明，以改善工作环境。此外，建筑师们还运用了一系列光学原理对建筑进行改进，比如让窗户的宽度比高度长一些，拐角处的玻璃更宽，最上层的玻璃更高，来增加建筑的轻盈感。
- 厂内多座建筑都采用了同样的建筑材料——玻璃和砖，形成了和谐的整体。所有的建筑墙基都有40厘米高的黑色砖石，上面使用的是黄色砖块。

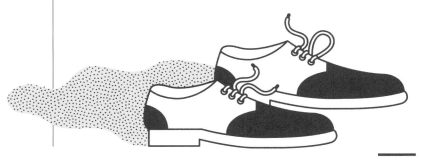

玻璃屋

地　　点：美国，新迦南
建造时间：1949年
建筑用途：居住
建筑设计：菲利普·约翰逊

- 你愿意住在这样的屋子里吗：墙壁都由玻璃制成，里面的人干什么，外面都能看见；人在屋子里也能随时观赏周围的树木，建筑内外没有明显的界线。屋子里唯一不透明的地方是卫生间，围了一圈砖墙。
- 建筑师菲利普·约翰逊设计的玻璃屋就是这样。他从房子建成后就生活在这里，一直住到2005年去世。如今，这座房子作为美国建筑史的里程碑之一，对游客开放。1997年，它入选美国国家历史地标。
- 这座房子很像路德维希·密斯·范·德·罗厄在1945年—1950年设计的范斯沃斯住宅。不过建筑师曾表示，这座玻璃屋的灵感，部分来源于1939年他在波兰农村看到的那些由于战争被烧毁得只剩下框架的房子。
- "透明的墙壁让屋外的风景充盈了整间屋子。"当然，金属框连接的玻璃墙也让外界可以察看到屋内的每个角落。整座玻璃屋就是一个开阔的大房间，除了卫生间以外，房子里唯一的分隔就是低矮的柜子和书架。有趣的是，曾经有女记者前来参观，发现屋子里并没有藏书。

卢浮宫金字塔

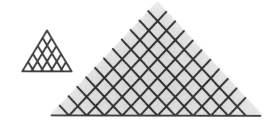

地　　点：法国，巴黎
建造时间：1985年 — 1989年
建筑用途：博物馆入口
建筑设计：贝聿铭

- 卢浮宫是世界上最大的博物馆之一，1793年起对游客开放。它起初只是一座堡垒，16世纪被改建为王宫，后来又被改建成博物馆。如今，每年来这里参观的游客超过1000万！
- 1989年，博物馆的广场上立起了一座仅由玻璃和金属建成的金字塔。它由603块菱形玻璃板和70块三角形玻璃板构成，在比例上仿照了古埃及胡夫金字塔。
- 组成金字塔的透明玻璃，与卢浮宫正面蜂蜜般的黄色调相得益彰。
- 金字塔突显了卢浮宫的规模与灵感，它不仅仅是一座巨大的装饰建筑，也是卢浮宫前广场的中心，是博物馆的新大门，从这里可以进入博物馆前厅。通往博物馆各个侧面的3条地下通道，分别对应地面上的3座小金字塔。
- 巴黎的居民起初非常反对金字塔的设计，认为它会破坏整座卢浮宫的格局，而且贝聿铭不是法国建筑师！但最终金字塔成了卢浮宫和整个巴黎不可分割的一部分，成为古典与现代融合的典范，也得到了当地人的高度认可。

德国国会大厦穹顶

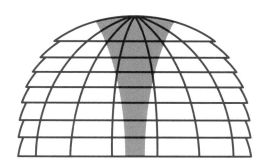

地　　点：德国，柏林
建造时间：1994年 — 1999年
建筑用途：联邦议会所在地
建筑设计：诺曼·福斯特

- 1990年德国统一以后，首都定在了柏林。国会的总部——国会大厦被重修，建筑师给它的头顶戴上了一顶玻璃制的圆"帽子"。轻盈的穹顶结构同19世纪末修建的沉重建筑基体形成鲜明对比。
- 造顶时使用玻璃是有意义的：透明的玻璃象征着德国统一后公开、透明的政府。
- 你可以想象下国会开会时的场景。玻璃穹顶的正下方就是会议大厅，确保开会时光线充足。穹顶中间呈倒圆锥形排列的可控镜面挡板装置，会根据太阳的运动而变化，自动遮挡直射会议大厅的强烈日光，还能起到保持大厦通风的作用。
- 穹顶直径40米，内部建有2道斜坡，沿着玻璃墙一直通往顶部。参观者可以顺着斜坡去瞭望台，欣赏柏林全景。每天都有近8000人参观穹顶！

神奈川工科大学KAIT工房

地　　点： 日本，厚木
建造时间： 2008年
建筑用途： 技术研究
建筑设计： 石上纯也建筑设计事务所

- "对我来说，最重要的一点就是消除自然和建筑之间的界线。"建筑师石上纯也在一次采访中这样说道。之后他又补充："我希望建一座不明显存在任何规则的建筑。"
- 由他设计的这座单层建筑，内部和外界之间没有清晰的界线。整座建筑是一个完整的大厅，墙壁全部用玻璃制成，更加强调房子的透明性。室内唯一的分隔物就是305根白色柱子，每根都不一样：它们的厚度和朝向各不相同，以不规则的形状模仿天然的树干。
- 从地板一直延伸到天花板的玻璃幕墙，让人觉得建筑好似脱离了地面，轻盈得仿佛没有重量。
- 在这座如森林般构造的大厅里，神奈川工科大学的学生们可以花一整天进行手工制作等活动。或许，这里确实是一个能让人产生灵感的地方！

碎片大厦

地　　点：英国，伦敦

建造时间：2009年 — 2012年

建筑用途：居住和办公

建筑设计：伦佐·皮亚诺

- 你读过《白雪皇后》的故事吗？一片碎玻璃刺进小男孩凯的眼睛，改变了他眼中的世界。就像故事里那样，这座如同被玻璃碎片覆盖的尖顶大厦，也改变了伦敦的面貌。
- 建筑师的灵感来自18世纪威尼斯画家卡纳莱托描绘的伦敦尖塔，以及曾经停靠在泰晤士河边的帆船的桅杆。
- 这座95层的大厦高达309.6米，是英国最高的建筑。大厦里有住宅、办公室、餐厅、酒吧和高档酒店等功能各异的空间。
- 大厦外墙是由外向内倾斜的玻璃幕墙，塔尖的玻璃板互不接触。不同侧面的玻璃幕墙反射阳光，映照着天空，使大厦在不同的天气呈现不同的颜色。碎片大厦由11000块玻璃建造而成，这些玻璃平铺起来，面积有8个足球场那么大！
- 整座建筑20%的钢材源自回收材料；第72层公共观景台是全英国对外开放的最高观景点；通往顶层的电梯是世界上速度最快的；在大厦高层酒店的195间房间和高档公寓内，可以欣赏伦敦全景。
- 大厦95%的产权属于卡塔尔政府。卡塔尔前首相哈马德主持了盛大的开幕仪式，一同出席的还有约克公爵安德鲁王子。

路易威登基金会艺术中心

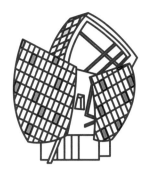

地　　点：法国，巴黎

建造时间：2008年 — 2014年

建筑用途：展览和演出活动

建筑设计：弗兰克·盖里工作室

- 这座位于布洛涅森林公园的建筑，看起来就像被风鼓起的船帆，也像建筑师本人所说的冰山。它与这里的一座建于19世纪的玻璃建筑交相辉映。不过，由于坐落在开放的空地，周围都是树林，它看起来更像雕塑，而非一般的建筑。
- 这座特别设计的"水边花园"，建筑主体是白色的楼房，外面包裹着12块巨大的玻璃"船帆"。周围的水、树林和花园倒映在玻璃上，"船帆"的色彩也因此随季节变化，呈现出不同的光影效果。整座建筑使用了3600块玻璃板和19000块混凝土板，利用当时的最新技术和先进的电脑程序计算，最终组合而成。前前后后，盖里工作室大约有100位建筑师参与了设计！
- 玻璃屋顶的结构很特别，能收集雨水再利用。
- 建筑内部设有宽阔的展区和可容纳350人的会议室，还有餐厅和书店。
- 路易威登基金会董事长贝尔纳·阿尔诺，是法国亿万富翁和艺术品收藏家，热心于艺术和教育事业，他希望这座建筑成为建筑界具有重大意义的作品，并在里面摆放了自己的私人艺术收藏品，以加强路易威登公司同现代艺术和设计界之间的联系。
- 目前该建筑属于基金会，但2062年后它将归市政府所有。

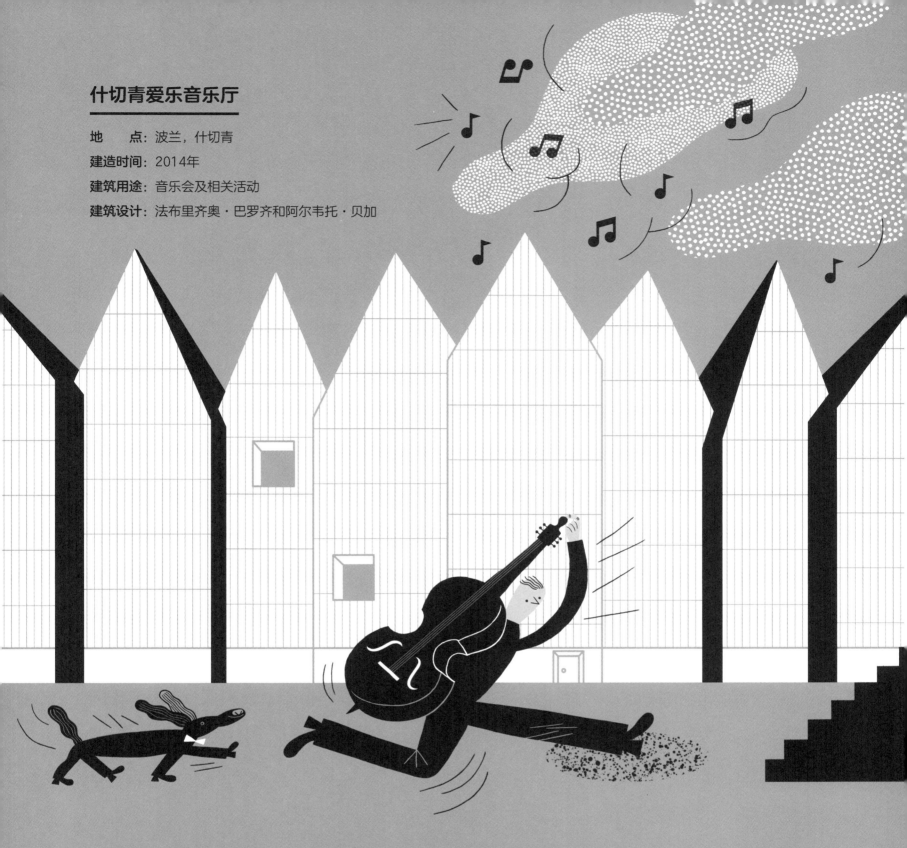

什切青爱乐音乐厅

地　　点：波兰，什切青
建造时间：2014年
建筑用途：音乐会及相关活动
建筑设计：法布里齐奥·巴罗齐和阿尔韦托·贝加

- 很难想象，这座看起来没有窗户、墙壁光滑耀眼的玻璃城堡，居然是个音乐厅！
- 这座建筑与周围的建筑群共同构成了和谐的整体。其造型与旁边的哥特式尖顶窄房子很相似，完全融入了有着尖顶建筑、港口和起重机的城市全景。而其独有的玻璃墙壁又将它同周围的建筑巧妙地区分开。
- 每天，音乐厅的墙壁都会透出白色的光。在什切青重要的日子里，厅内的光还会变成绿色、蓝色和深

蓝色。在国家节日期间，音乐厅的墙壁会变成一半白色一半红色，正面看起来就像是波兰国旗！
- 穿过高高的门厅，就会来到可以容纳近千人的交响乐大厅。建筑内还有一间可容纳约200名听众的小型音乐厅。
- 每间大厅都有自己的名字。大一些、有着金色墙壁的叫"太阳厅"，稍小一些、有着黑色墙壁的叫"月亮厅"。
- 2015年，音乐厅获得了密斯奖。

第5章

住宅

　　今天，人们的住所各种各样：或许是带花园的别墅，也可能是老式公寓，又或者是在小街小巷里，周围有很多邻居……从古至今，人们一直在寻找避雨御寒、防御野兽的地方，找不到就自己建造居所，比如挖洞穴和盖茅屋。起初，人们用树枝搭建屋架，再盖上草皮和野兽皮毛。慢慢地，人们学会了用木头、石头和砖头盖房子。再后来，城堡和宫殿拔地而起。

　　建什么样的住所，由所在地决定。蒙古人有方便拆装的蒙古包，非洲人用黏土盖房子，因纽特人则住在冰屋里……现在，大多数人住在公寓和社区里。大部分住宅的外观和内部装饰紧跟当时的社会潮流，当然也深受社会发展水平和主人经济实力的影响。

农牧神之家

地　　点：意大利，庞贝
建造时间：公元前2世纪
建筑用途：住宅

- 这座坐落在庞贝古城的豪宅，属于古罗马时代的一个大家族。据说，豪宅主人的祖父很可能曾经用武力征服过这座城市！人们之所以叫它"农牧神之家"，是因为中庭里有一座跳舞的铜像，铜像所刻的是古罗马神话中半人半兽的农牧之神——法翁。
- 农牧神之家是整个庞贝最大、最漂亮的住宅！今天的我们是如何清楚地知晓它和古城里其他建筑本来样貌的呢？原来，整座古城几乎完整地保存到了现代——公元79年，维苏威火山爆发，6米厚的火山灰把庞贝古城连同城内居民一起掩埋了。直到1748年，庞贝古城才被发掘出来，重见天日。
- 农牧神之家由住宅、2个中庭和2个带有喷泉廊柱的花园等组成。其中一个中庭里砌有接雨水的方形水池，入口地面上有"HAVE"（拉丁语的意思是"欢迎"）字样。大宅内部装修奢华，墙壁装饰着巨幅壁画，地面是一片片马赛克砖。其中最著名的莫过于由150万块彩色小石块组成的巨幅镶嵌画，它描绘的是亚历山大和波斯国王大流士三世的一次激战。

金宫

地　　点：意大利，罗马
建造时间：64年 — 68年
建筑用途：王宫
建筑设计：塞维鲁和凯列尔

- 公元64年，尼禄大帝在罗马火灾后下令建造金宫。修建这座宫殿最初只是为了寻欢作乐。尼禄在宫殿开建后的第4年就兵败自杀了，他死后，金宫被洗劫一空，部分还遭到毁坏。随着时间流逝，金宫废墟上建起了一座又一座建筑。比如古罗马斗兽场所在的位置，在尼禄统治时期曾经是人工湖。
- 尼禄的府邸装饰非常奢华，周围环绕着许多花园。建筑内部的许多地方都覆盖着黄金，墙壁和天花板装饰着壁画和马赛克砖，白色大理石等昂贵的石料和象牙在阳光下熠熠生辉。这座建筑因此得名"金宫"。许多房间由中庭连接，中庭里有花有水。宫殿中心是一间八角大厅，上方有带圆形窗眼（透光孔）的穹顶。
- 由于屡遭变故，金宫直到15世纪末才被发现。艺术家们沿着绳索下到洞里，进入金宫内部，瞬间被装饰壁画迷花了眼，决定将它们临摹下来。拉斐尔为梵蒂冈各个建筑所画的壁画很多都取材于金宫。
- 金宫的考古和修复工作一直持续到今天。参观时，游客必须要戴上安全帽，因为没有加固的部分随时都可能掉下来。

公爵塔

地　　点：波兰，谢德伦琴
建造时间：14世纪
建筑用途：居住和防御

- 圆桌骑士、亚瑟王、英勇的骑士兰斯洛特和美丽的桂妮维亚……在谢德伦琴的公爵塔里，你能看到这些传奇人物的巨幅壁画。这座塔楼为亨里克一世大公所建，随后又成为另一位公爵的私产。它是欧洲最宏伟、保存最完好的同类型塔楼之一。

- 公爵塔有好几层楼那么高，中世纪时既可以住人，也可以用作防御塔。塔只有一个出入口，周围是护城河，进出塔必须经过唯一的一座桥。这类独特的小城堡建筑，在欧洲曾非常常见。

- 公爵塔有4层，另外还有地下室。可供居住的房间在第3层，前文所说的壁画在2楼。

- 塔墙非常厚，零星散布着一些凹陷的小窗口，室内一侧还设有石板座位。当年的主人可以在窗边伴着日光休息、读书和工作。

策利亚公寓

地   点：波兰，卡齐米日·多尔尼

建造时间：17世纪上半叶

建筑用途：展览

- 波兰流传着这样一种说法："留给卡齐米日三世的是木造的波兰，而他给后人留下了砖砌的波兰。"卡齐米日·多尔尼是皮亚斯特王朝最后一任国王，在他统治时期，波兰成为中欧强国，繁荣富庶。卡齐米日·多尔尼古城就是这一时期的代表城市。多年来，粮食和木材贸易带来的利润充实了城镇居民的腰包，巴塞洛缪·策利亚也是其中一个。他在离卡齐米日广场不远处建造了这座宅子，现今作为博物馆对外开放。

- 这座住宅楼是用附近常见的石灰岩建造的。楼房的正面雕刻了许多花纹，最突出的是屋檐上的阿提卡风格装饰（阿提卡就是檐口上方的装饰结构，这一部分后来成为新的屋顶，有防火之用）。当地的老房子中，阿提卡风格的建筑占了至少三分之一！楼顶的壁龛上放置着一些人物雕像。仔细观察公寓的正面，你会发现许多栩栩如生的装饰图案，比如鸟、狮鹫①、巴西利斯克②，还有龙！

- 卡齐米日·多尔尼还有一座和这座公寓相似的老房子，名叫普尔兹比洛夫公寓，也很值得一观。

---

① 狮鹫，西方传说中的奇幻生物。
② 巴西利斯克，西方传说中的奇幻生物。

斯托海德住宅

地   点：英国，威尔特郡

建造时间：1721年—1725年

建筑用途：乡间宅邸

建筑设计：科伦·坎贝尔

- 看到宅邸门口那几根高高的柱子和上方的三角形构造（门楣）时，很多人会觉得它们和古典建筑很像。这就不得不提一位伟大的建筑师——安德烈亚·帕拉第奥。他出生于16世纪的意大利，受到古罗马建筑艺术的启发，借鉴了许多古典建筑的经典结构设计。18世纪，欧洲兴起新古典主义潮流，活跃的英国建筑师们又借鉴了这位意大利建筑师的设计，于是在英国形成了流行一时的帕拉第奥式建筑风格。

- 位于城郊的斯托海德庄园曾经是银行世家霍尔家族的私产，是英国首批帕拉第奥式建筑之一。

- 宅邸位于一座精心设计的花园中。园中有瀑布、哥特式遗迹、岩洞、雕塑、神庙，还有人工湖和石桥。

- 如今，宅邸归属英国国家信托这一公益组织，对游客开放。想参观的话，不必远道去英国，看几部在这里拍摄的影片就足够了！比如2005年拍摄的《傲慢与偏见》。

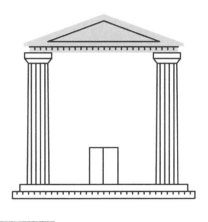

巴特罗之家

地　　点：西班牙，巴塞罗那
建造时间：1904年 — 1906年
建筑用途：居住
建筑设计：安东尼奥·高迪

- 屋顶像一条卧着的龙，阳台形似动物头骨，窗框又如扭曲的骨头……这样奇葩的建筑，只有在巴塞罗那才能见到！它由安东尼奥·高迪设计建成，这位建筑师的其他作品也非常值得一观，每一座都与众不同。更厉害的是，他有7项建筑作品被联合国教科文组织列入《世界遗产名录》。
- 从外观上看，巴特罗之家就像是用骨头建成的，外墙好似覆盖了一层鱼鳞，工人们用不同颜色的陶瓷和玻璃拼接成了这座房子。它是典型的自然主义风格建筑，这从建筑颜色上就可以看出来：室内楼梯的瓷砖有5种蓝色调，随着台阶一层层往上，颜色从天蓝过渡到深蓝，看起来像涌动的海浪。
- 龙形屋顶借鉴了"圣乔治与龙"的传说。屠龙骑士在巴塞罗那所在地加泰罗尼亚地区被视为守护神。房顶的十字架看起来很像剑的尖端，传说骑士就是用剑杀死恶龙的。
- 空间设计、色彩搭配、光影效果及所有内部装潢细节共同完成了这一独特的艺术杰作。
- 巴特罗之家是高迪完成度最高的新艺术自然主义建筑，也是建筑设计史上难得的经典之作。

图根哈特别墅

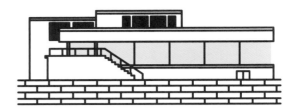

地　　点：捷克，布尔诺
建造时间：1929年 — 1930年
建筑用途：展览、纪念
建筑设计：路德维希·密斯·范·德·罗厄

- 婚礼不可或缺的一个环节就是收礼物！捷克商人弗里茨·图根哈特和妻子希望父母能给他们一座房子，而且是一座奢华的、独一无二的别墅，这座别墅要拥有绝佳的视野和环境。建筑师巧妙利用斜坡地形，让别墅从马路一侧看是1层，从花园一侧看是3层。此外，建筑师有个革命性的原创设计：房子以钢铁为骨架，外观则由玻璃构成。这样的设计非常超前，在当时这种技术只有大型展厅才会采用，而不会用来建造家庭住宅！
- 别墅的内部装潢也独具一格，不仅采用了来自异域的木头、石材、皮草、羊毛和丝绸，还从摩洛哥运来了缟玛瑙制成的墙壁作为客厅装饰，其价格之昂贵，完全可以买下一座房子！这面墙在阳光下流光溢彩，美极了！
- 路德维希没有在墙壁上设计装饰画，因为窗外的自然景观就是别墅最好的装饰。
- 别墅的室内装潢也是他设计的。里面摆放的一种沙发叫作巴塞罗那椅，至今仍在生产，并且已经成为一款经典家具。
- 令人惋惜的是，由于战争，图根哈特在1938年就搬离了这里，直到2012年重修，别墅才恢复往日光彩。别墅的许多细节都是按照图根哈特的照片复原的。2001年，它被联合国教科文组织列入《世界遗产名录》。

萨伏伊别墅

地　　点：法国，普瓦西
建造时间：1929年 — 1931年
建筑用途：居住
建筑设计：勒·柯布西耶

- 这座位于巴黎近郊的别墅很是引人注目：由白色细长柱子支撑的矩形房子，看起来就像一艘在草坪上漂流的船。这座房子蕴含了柯布西耶"现代建筑五要素"中的三大要素：底层架空，横向长窗，屋顶花园。另外两大要素是自由平面和自由立面。

- 别墅底层的弧形玻璃墙是另一个非常现代化的元素，特别吸引眼球。这样的设计兼具美观性与功能性。当时，底层的空间被设计成停车场，玻璃墙的弧度正是按照1929年生产的汽车的转弯半径设计的。那个年代，汽车是奢华的象征，只有少部分人买得起。

- 别墅自建成的那一刻起，就备受好评，成为现代主义建筑的代表之一。建筑师柯布西耶还在世时，这座别墅就被列为法国文物保护单位！

流水别墅

地　　　点：美国，宾夕法尼亚州
建造时间：1935年 — 1937年
建筑用途：居住、展览
建筑设计：弗兰克·劳埃德·赖特

- 对德裔富商考夫曼来说，周末度假最棒的去处就是一条汇入约克加尼河的小溪边。他可以和家人在这里晒日光浴，在瀑布边的大石头上钓鱼。来往次数多了，他们对这片土地的喜爱越来越深，于是决定在这里建一座房子。弗兰克·劳埃德·赖特——当时公认的杰出建筑师，帮助他们实现了梦想。建成的流水别墅就坐落在瀑布之上，而当初一家人特别喜爱、经常在上面一待就是很久的那块大岩石，则被纳入了房子的客厅里。
- 别墅的构想源于日本的建筑哲学理念。建筑师致力于人、建筑与自然的和谐共存，使建筑顺应自然。小溪上方的阳台、巨大的玻璃窗和低矮的天花板，让居住其中的人视线不自觉飘向户外，定格在周围的风景上。整座建筑只用土黄色和红棕色搭配，完全融入了自然。
- 别墅的大部分家具也都是赖特设计的。
- 一直到1963年，这座别墅都是考夫曼一家的私产。随后它被捐赠给西宾夕法尼亚州保护委员会，1964年起作为博物馆对外开放。大批游客慕名而来，大家都想亲身体验一下，在屋里究竟能不能听见外面巨大的瀑布声。

马赛公寓

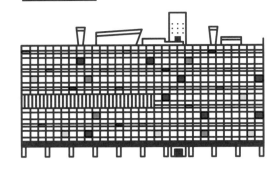

地　　　点：法国，马赛
建造时间：1947年 — 1952年
建筑用途：居住
建筑设计：勒·柯布西耶

- 筒子楼是昔日常见的街边风景，也是一种闻名世界的建筑风格。这种风格始于二战后的马赛。起初，建造马赛公寓是为了解决当时人们因战争房子被毁、没地方住的问题。
- 时至今日，人们尽管收获了建造筒子楼的经验，但还是很难真正理解建筑师希望"构建和谐的私人空间与公共空间"这一理念的内核——在多户居住的空间里，尽力为每一户都打造出舒适的生活空间。这座建筑可以确保1600名住户都能晒到阳光，拥有自己的空间和绿色植物。单间房屋的设计样式达23种。大部分住房都采用跃层设计（就像独栋小楼一样），每套面积约100平方米。公寓的公共区域有商店、办公室、酒店，平坦的楼顶上还有健身设施、泳池和露天影院等，所有人都可以享用这丰富的公共空间！
- 整座大楼用钢筋混凝土建成，外观简约，全部装饰就是拆除建筑模板后自然留下的痕迹，以及被涂成红色、天蓝色、黄色和绿色等不同颜色的阳台内侧面。
- 马赛公寓是柯布西耶设计的，被列入《世界遗产名录》的17座建筑之一，被认为是"平衡个体和集体的新型居民建筑的重要典范"。

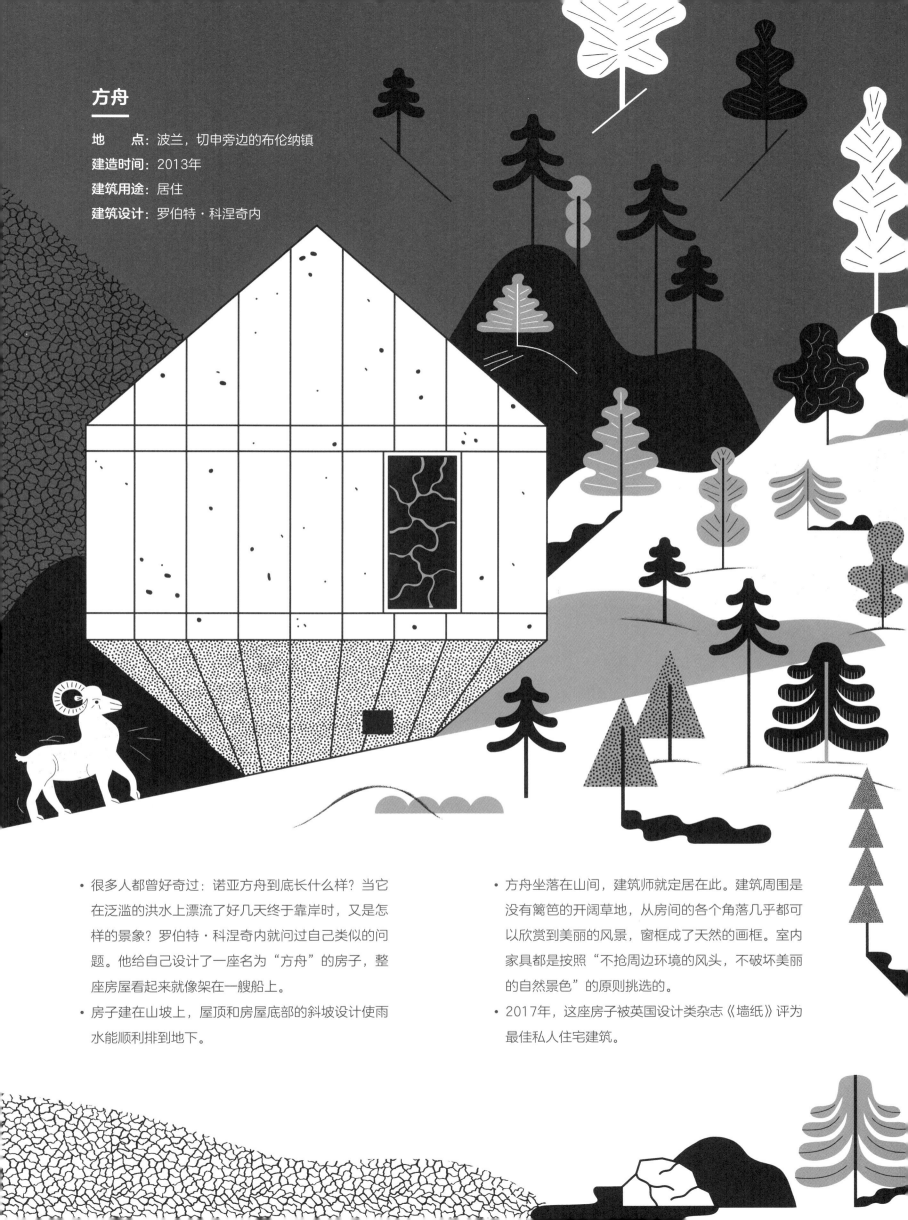

方舟

地　　点：波兰，切申旁边的布伦纳镇
建造时间：2013年
建筑用途：居住
建筑设计：罗伯特·科涅奇内

- 很多人都曾好奇过：诺亚方舟到底长什么样？当它在泛滥的洪水上漂流了好几天终于靠岸时，又是怎样的景象？罗伯特·科涅奇内就问过自己类似的问题。他给自己设计了一座名为"方舟"的房子，整座房屋看起来就像架在一艘船上。
- 房子建在山坡上，屋顶和房屋底部的斜坡设计使雨水能顺利排到地下。

- 方舟坐落在山间，建筑师就定居在此。建筑周围是没有篱笆的开阔草地，从房间的各个角落几乎都可以欣赏到美丽的风景，窗框成了天然的画框。室内家具都是按照"不抢周边环境的风头，不破坏美丽的自然景色"的原则挑选的。
- 2017年，这座房子被英国设计类杂志《墙纸》评为最佳私人住宅建筑。

第6章

高塔大楼

很久以前，人类就渴望建造可以连接天地的高大建筑。

但是，不够先进的技术、有限的建筑材料，以及高空施工设备的不足，阻碍了人类登天的梦想。

最著名的古代高大建筑就是埃及的金字塔和苏美尔人建造的金字塔。之后，逐渐出现了用石或砖建造的防御塔、城堡塔楼、钟楼和政府办公塔楼等。

第一批大规模建造的高楼大厦，是在19世纪80年代的美国芝加哥。第一批"摩天大厦"的高度从10层到20层不等。它们之所以能建成，主要得益于建筑界采用了当时先进的钢铁结构，以及1852年人们发明了电梯。

如今，高楼大厦已是世界上大多数大城市的典型元素。城市里高层建筑的多少，一定程度上反映着当地经济水平的高低，体现了当时的建筑趋势。此外，这与城市的地理位置也有关系，地理条件决定了城市有多少土地可以用于建造高楼大厦。

现在人们普遍认为，摩天大楼至少得有100米高。这样的高层建筑在以下几个城市最常见：截至2018年，香港（1302座），纽约（727座），东京（488座）和芝加哥（312座）。

萨马拉大清真寺宣礼塔

地　　点：伊拉克，萨马拉

建造时间：848年 — 851年

建筑用途：宗教活动

- 萨马拉大清真寺规模宏大，它旁边巨大的、造型独特的宣礼塔格外引人注目。遗憾的是，这座大清真寺在13世纪被毁，如今只剩下围墙和高塔。

- 这座塔独一无二的外观有没有让你想起什么？像不像美索不达米亚的乌尔塔庙（详见第15页）？答案就藏在这座塔的名字"Malawija"（马尔维亚）里，它在阿拉伯语中的意思是"蜗牛壳"。

- 这座锥形塔高52米，如果你沿着塔体边一条螺旋状、形似蜗牛壳的梯道爬升，可以登顶。

- 2005年，塔顶在第二次海湾战争中被空袭炸毁。

- 2007年，这座塔连同萨马拉古城考古遗址一起被联合国教科文组织列入《世界遗产名录》。

比萨斜塔

地　　点：意大利，比萨

建造时间：1173年 — 1372年

建筑用途：钟楼

- 比萨城最闪亮的"珍宝"就是坐落在奇迹广场上的钟楼，全世界都知道它的名字——比萨斜塔。歪着脑袋看一看，它像不像婚礼上的多层蛋糕？

- 比萨斜塔始建于1173年，由于很久以前这里是一片海岸，土层疏松，容易下沉，塔在建造的过程中就已经开始偏离垂直线。之后工程断断续续，进行了将近200年！

- 塔由白色大理石建成，高达55米，偏离垂直线大约4.5米。

- 想登上塔顶，要通过有294级台阶的螺旋楼梯。

- 据说，科学家伽利略·伽利雷就是在比萨斜塔上进行自由落体实验的。

- 1911年起，意大利人每年都会测量斜塔。2008年，专家们宣布，他们已经成功稳定塔身，它还能再坚持200年。

- 比萨斜塔同奇迹广场上的大教堂及墓园等一起组成了美丽又和谐的建筑群，1987年被列入《世界遗产名录》。

家庭保险大楼

地　　点：美国，芝加哥

建造时间：1884年 — 1885年（1931年被拆）

建筑用途：办公

建筑设计：威廉·勒巴隆·詹尼

- 猜猜看，世界上第一座被称为"摩天大厦"的建筑有多高？或许你会感到意外，因为它只有12层楼，55米高，最上面的两层还是后来加建的。

- 这是历史上第一座钢架结构的高楼大厦。钢铁的支柱和横梁组成了建筑的承重骨架，独立于后填充的砖石等建筑材料，因此建筑的墙壁很轻薄。

- 这种建筑结构被誉为"芝加哥骨架"，成为建筑界又一新发明和里程碑。自它出现，各地的楼开始建得越来越高！

- 建筑低层的建材主要是大理石，中高层则是砖制外墙。

- 家庭保险大楼只保留到了1931年。它被拆毁之后，人们又在原址新建了另一座摩天大厦。

布法罗担保大厦

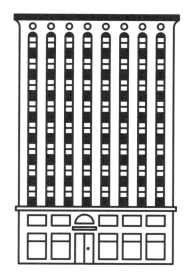

地　　点：美国，布法罗

建造时间：1894年 — 1896年

建筑用途：办公

建筑设计：路易斯·沙利文和丹克马尔·阿德勒

- 这座大厦是第一批使用钢架结构建造的摩天大厦之一，由被誉为"摩天大楼之父"的路易斯·沙利文参与设计。

- 建筑由钢架构成，外墙装饰着丰富的陶瓦浮雕：花朵、枝叶和一长串豌豆。正如沙利文的那句座右铭所言，"形式服务于功能"，建筑内部所承担的具体功能决定了它的外部形状。因此，担保大厦的装饰不仅不会掩盖其功能，反而通过丰富的样式突出了建筑的3个主要部分：底层带玻璃橱窗的商店，拥有竖直窗户的办公室及装饰性屋檐。

埃菲尔铁塔

地　　点：法国，巴黎

建造时间：1887年 — 1889年

建筑用途：观景、纪念

建筑设计：亚历山大·古斯塔夫·埃菲尔

- 1889年，法国举行了法国大革命100周年纪念活动。同年，巴黎举办了世界博览会。为了纪念这两件大事，亚历山大·古斯塔夫·埃菲尔采用当时先进的锻铁技术设计建造了一座栅栏网格式建筑。它一直矗立到现在，并且有个响亮的名字——埃菲尔铁塔，它是巴黎的地标式建筑。

- 人们对这座建筑倾注了"浓烈"的感情。曾经有300位来自社会各界的名人联名抗议修建这个"用弯曲的铁条做成的丑陋支架"。据说，其中有位著名作家决定，每天中午都在塔底下的咖啡馆里吃午餐。因为只有从这个角度，他才不会看到"无用且丑陋"的铁塔。

- 这座塔高300米，外观造型独一无二，充分展现了那个工业快速发展的时代法国科技的水准，成了科技进步的标志。300名工人仅用2年就建成了这座轻巧又坚固的铁塔。

- 直到1930年纽约克莱斯勒大厦建成之前，埃菲尔铁塔一直是世界上最高的建筑！

- 铁塔当时是世博会的入口拱门。

- 埃菲尔铁塔也是巴黎著名的旅游景点。铁塔上有3层瞭望台，游客可以走楼梯或乘电梯前往一观。

帝国大厦

地　　点：美国，纽约

建造时间：1930年 — 1931年

建筑用途：办公、观景

建筑设计：里士满·哈罗德·施里夫、威廉·
　　　　　兰姆、亚瑟·卢米斯·哈蒙

- 今天很少有人知道，帝国大厦从1931年竣工起，在之后的40年间一直是世界最高建筑。
- 建筑本身高381米，加上天线后高达443米，共103层，在第86层和第102层有观景台。
- 大厦就像一座被拉长了的塔庙，随着高度的增加变得越来越窄。这样的形状是为了遵守美国1916年颁发的《建筑法》——建筑不能遮挡道路的阳光。
- 帝国大厦的建造时间极短，基本上一天建一层！之所以这样快，是因为其采用了钢铁架构，且建筑的设计规划与施工配合得天衣无缝。
- 建筑的主要建材是石头。
- 有趣的是，美国的州除了官方名字，还有人们约定俗成的名字。纽约州的别名是"帝国州"，帝国大厦因此而得名。

阿格巴塔

地　　点：西班牙，巴塞罗那
建造时间：1999年 — 2004年
建筑用途：办公
建筑设计：让·努维尔

- 在距离巴塞罗那60千米的地方，坐落着雄伟的蒙特塞拉特山，这座山独特的修长形状成为巴塞罗那建造高楼的灵感来源之一。
- 巴塞罗那位于海边，阿格巴塔设计的另一个灵感来源就是水（大楼所有者是一家水务公司）。
- 这座144米高的大厦外形宛如一股间歇泉。建筑表面柔和的色彩和光影布局，让它看起来好像从地底喷涌而出的水柱，建筑的正面如海浪般波光粼粼。
- 对此，建筑师让·努维尔解释道："这座大厦不像北美土地上那些随处可见的普通高楼，而是蕴含着深刻的地理文化背景。"
- "间歇泉"的主要材料是钢筋混凝土。混凝土外墙覆有涂成40种不同颜色的铝板，最外层是玻璃百叶窗。
- 这些玻璃百叶窗有着不同的倾斜角度和透明度，这样落在大厦上的光线会产生不同的光影效果，并随时间和季节变化。
- 晚上，4000多盏灯会照亮整座大楼。

中央电视台总部大楼

地　　点：中国，北京

建造时间：2004年 — 2012年

建筑用途：办公

建筑设计：雷姆·库哈斯、奥雷·舍人

- 中国中央电视台总部大楼和其他高楼大厦很不一样，它由2座倾斜的塔身组成，塔身之间通过一个厚达11层的连接层连接。
- 建筑师雷姆·库哈斯表示，大厦之所以是这个形状，是因为他想要"把高楼大厦变得更有趣"。
- 北京市民却觉得，这座高达234米的环形大厦看起来很像一条大裤衩，也像一个扭曲的甜甜圈。
- 对于中欧工程团队来说，如何确保其结构的稳定性是个巨大的挑战。
- 建筑表面呈银灰色，安装了可以反射阳光的玻璃板。

哈利法塔

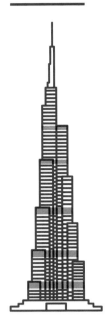

地　　点：阿拉伯联合酋长国，迪拜

建造时间：2004年 — 2010年

建筑用途：办公、购物、居住

建筑设计：阿德里安·史密斯、SOM建筑设计事务所

- 哈利法塔是目前为止世界上最高的大厦，足有828米高！
- 塔的设计灵感来自伊斯兰建筑中常见的螺旋形结构，以及被誉为"沙漠之花"的蜘蛛兰的花朵形状。塔身越靠近天空的部分越窄，顶部是一座尖塔。这样的造型在视觉上给人一种纤细感。
- 建筑面向波斯湾，每一层的横面都呈"Y"形，所以不管在塔内的哪个位置，都能看见波斯湾的风景。
- 大楼由钢筋混凝土和玻璃建成，其采用的玻璃有着特殊的属性，能阻挡沙漠烈日的照射、高温和强风。
- 建筑内有900间私人住宅、57部电梯。第78层有一个泳池，第124层有观景台。建筑外表的清洁，每次需要36名工人花3~4个月的时间擦洗才能完成。整座建筑可以同时容纳25000~35000人工作和生活。

世界贸易中心一号楼

地　　点：美国，纽约
建造时间：2006年 — 2014年
建筑用途：办公
建筑设计：丹尼尔·李布斯金、大卫·柴尔茨

- 2001年9月11日，纽约发生了恐怖袭击，世界贸易中心双子塔被毁，它们曾是纽约的地标式建筑。
- 双子塔被毁之后，人们在原址上重建了一座由摩天大楼、博物馆和恐怖袭击遇难者纪念碑组成的建筑群。建筑设计方案的起草人是建筑师丹尼尔·李布斯金。
- 这个建筑群就包括这座楼。李布斯金曾说："这座建筑要成为纪念碑之外的另一座纪念建筑，以及新的巨型公共空间。"
- 在美国，人们习惯用"英尺"作为长度计量单位，而不是"米"。这座大厦高达1776英尺（也就是541米），这个高度不是随便决定的，而是为了纪念美国在1776年签署《独立宣言》这一伟大历史事件。
- 这样的高度让它成为美国最高的建筑。对此，建筑师李布斯金表示："于我而言，大楼是不是最高的没什么意义。1776英尺的高度，象征的是美国通过《独立宣言》的1776年，因此它也将成为我们记忆的一部分。"
- 这座大厦是世界上最安全的办公大厦之一。建造时使用了耐久性强、防爆、植入超长钢筋的混凝土。建筑内有专门给消防员准备的特殊楼梯，还配备了有生物和化学过滤器的通风系统，全方位保障安全。

第7章

桥

　　"桥"是指架在水面或空中、下方留有空间的建筑结构，能便于人们通行。

　　很久以前，人们就开始建造桥梁了。它缩短了城市间的距离，方便了人们的生活出行，同时促进了公路网络的形成、商贸的发展和人口迁移。

　　建桥历史可以追溯到美索不达米亚时期。但是直到古罗马时期，建桥事业才得到蓬勃发展。古罗马人在桥梁建造中首次使用了"拱券"这种结构，后人才得以成功建造出更轻、承重更大的桥梁。

　　桥梁建筑的另一大突破，要数1779年英国人用铸铁来建造桥梁。在接下来的几个世纪里，陆续出现了用钢铁、混凝土以及钢筋混凝土建造的桥。随着建桥技术的发展，桥梁的长度也从原来的十几米、几十米，变成了几百米。现在大桥主跨①最长近2000米——1998年通车的日本明石海峡大桥主跨为1991米。

　　桥梁的建造材料有很多种，结构也各不相同，有上开桥、梁桥、桁（héng）架桥、拱桥、悬索桥……

　　现代的桥梁已经可以跨越山、湖甚至是海，连通更大的世界。

---

① 主跨，一般指桥梁上最长的那一跨长度。

加尔水道桥

地　　点：法国，韦尔蓬–迪加尔
建造时间：1世纪中叶
建筑用途：引水

- 法国南部有一座古罗马时期建造的高架渠，这条高架渠将几十千米外的泉水引入南部的尼姆城，由长达50千米的水渠、水池和桥梁等组成，其中最著名的桥就是加尔水道桥。
- 它由一块块几乎完全一样的石头叠放而成，建造的过程中没有使用任何砂浆！整座桥全靠石块的切割和精确的设计支撑。因此，这座桥被认为是古罗马建筑师的完美杰作。

- 这些石头来自不远处的采石场，它们被一一编号，建筑师注明了每块石头应该被摆放在桥的哪个位置。
- 桥梁横跨河面，由3层高度不等的拱桥组成。
- 1985年，加尔水道桥被联合国教科文组织列入《世界遗产名录》。

查理大桥

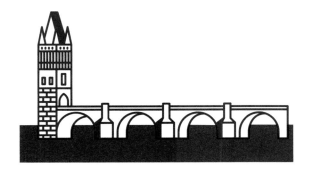

地　　点：捷克，布拉格
建造时间：1357年 — 1402年
建筑用途：连接两个城区
建筑设计：彼得·帕勒

- 卢森堡家族的查理四世是一位非常重要的历史人物，为中世纪欧洲的发展做出了杰出贡献，直到今日都被捷克人尊称为"国父"。2016年，捷克与联合国教科文组织共同举办了查理四世诞辰700周年纪念活动。位于布拉格的查理大桥，则是一座建于查理四世统治时期的著名建筑。
- 这座大桥近10米宽，起初被叫作"石桥"或"布拉格桥"，直到1870年，它才拥有正式的名字。
- 从建成到18世纪中期，它一直是布拉格唯一一座横跨伏尔塔瓦河的大桥。
- 当时的建造者对建桥时间颇有讲究，他们将大桥的奠基时间精确定在1357年7月9日5点31分①。
- 从1965年起，查理大桥禁止车辆通行，游客只能徒步穿过大桥。
- 从大桥东端的塔楼上可以欣赏到整座城市的美景。
- 今天，查理大桥以悠久的历史和建筑艺术成为布拉格最有名的古迹之一。

① 这一时间按当地书写习惯为"135797531"，这串数字被认作吉利数字，会保佑大桥牢不可破。

郝久古桥

地　　点：伊朗，伊斯法罕
建造时间：约1650年
建筑用途：通道、拦河坝及休闲

- 这座桥有着连接河两岸的传统功能，还装饰着壁画和浮雕，桥上还开过茶馆。如今，这座桥因带拱廊和通向水边的台阶，成了酷暑乘凉的好地方。
- 这座桥还充当着水坝的角色，可以调节水流。水闸就位于拱廊下面，当年河里的水曾用于灌溉农田。
- 古桥的双层设计与底下流淌的河水相得益彰。桥的最上层曾用于车马通行。
- 这座桥建于阿巴斯二世②统治时期。桥的正中央修有一座亭子，阿巴斯二世曾坐在这里欣赏风景。

② 阿巴斯二世，波斯萨非帝国的第七代沙赫。沙赫即波斯语中"皇帝"的意思。

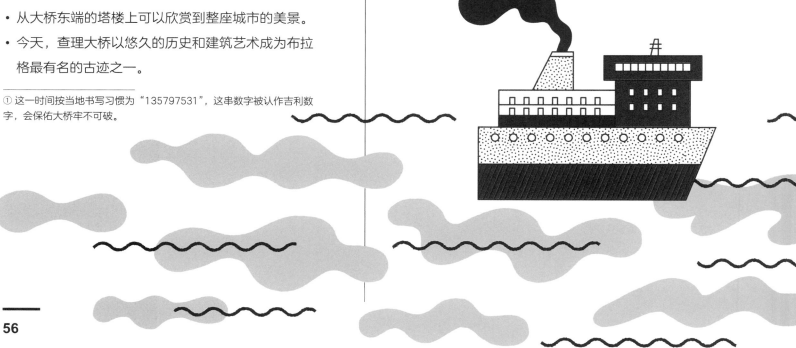

铁桥

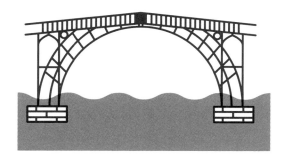

地　　点：英国，什罗普郡

建造时间：1775年 — 1779年

建筑用途：连通塞文河两岸，通行

建筑设计：托马斯·法诺尔斯·普里查德

- 工业革命从英国开始。18世纪初，亚伯拉罕·达比发明了焦炭炼铁的新技术，铸铁的生产变得更加便捷，产量也大大增加。
- 塞文河地区是英国工业革命发源地。河岸建有许多炼铁工厂，这条河也是欧洲河运最发达的河流之一。
- 位于铁桥峡谷的铁桥是世界上第一座由钢铁铸成的桥，被认为是工业革命的象征。
- 建这座桥使用了378吨钢铁，当时的造价大约为6000英镑①，远远超出原本预算的3200英镑。
- 铁桥峡谷的村子在铁桥建成后逐渐发展起来，村名的英文意思就是"铁桥"。
- 自建成之后，铁桥开放通行了150多年，直到1934年，它被列为文物古迹，从此只允许行人通行。
- 1986年，铁桥和所在的峡谷一起被列入《世界遗产名录》。

---

①2022 年，1 英镑折合人民币约为 8.3 元，6000 英镑折合人民币约为 49800 元，3200 英镑折合人民币约为 26560 元。

布鲁克林大桥

地　　点：美国，纽约

建造时间：1869年 — 1883年

建筑用途：连接纽约两个区

建筑设计：约翰·奥古斯都·罗布林

- 作为世界最著名的大桥之一，布鲁克林大桥的建造持续了14年。在施工过程中，许多工人的身体都出现了奇怪的症状，比如头晕、肌肉疼痛、瘫痪、失忆，有些人甚至因此丧命。那时人们将这种病称为"沉箱病"（减压症）。沉箱是指一个有顶无底的巨大木箱，工人们借助这样的装置潜入河底，挖建桥塔的地基。因为高温和缺氧，在沉箱里工作是一件很难熬的事情，但最痛苦的还是回到地面时，突然变化的气压让身体无法适应，因此患上这种怪病。
- 罗布林的儿子在父亲去世后继续督造大桥，最后也成为沉箱病的受害者，身体瘫痪。他的妻子艾米莉帮助他完成了余下工程的督建，成为竣工时第一个走过大桥的人。当时她手中抱着一只象征胜利的公鸡。
- 布鲁克林大桥在建成时是世界上最长的悬索桥，也是首座使用钢索建造的大桥。钢索直径40厘米，牢牢固定在两座桥塔之间。这两座桥塔深深地扎进河床，水下部分一座深24米，另一座深13.5米。
- 大桥约26米宽，供车辆与行人通行。
- 大桥开通的那天，整座城市都在狂欢。时至今日，这座桥依然是许多诗人、摄影师和画家的灵感来源。

焊接桥

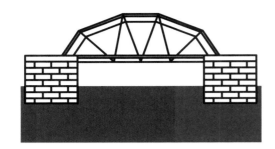

地　　点：波兰，沃维奇

建造时间：1927年 — 1928年

建筑用途：通行

建筑设计：斯特凡·布里拉

- 这座桥只有27米长、6.8米宽，规模不大，但它的结构设计却是一个技术革命——这是世界上第一座没有使用铆钉（用于连接的钢铁元件）、完全焊接而成的公路桥。
- 用这种技术建造的桥，重量比使用铆钉的桥轻了17%，成本也大大缩减。
- 多年来，这座桥一直作为连接华沙和柏林的交通要道。不过从1968年开始，它被作为文物古迹保护了起来。

金门大桥

地　　点：美国，旧金山

建筑时间：1933年 — 1937年

建筑用途：跨海通道

建筑设计：约瑟夫·施特劳斯

- 为什么旧金山的象征——金门大桥是橙红色的？因为这种颜色在雾中最容易被看见。
- 在开放的海域上建桥要克服很多困难，比如猛烈的海浪和地震，以及频发的暴风雨和大雾。
- 大桥的两座桥塔高出水面227米，桥塔之间跨度达1280米，用两根直径92.7厘米的钢缆相连。
- 从海面到桥面的高度约为67米。
- 每天经过大桥的汽车多达10万辆！
- 金门大桥被誉为美国建筑工程的奇迹之一。

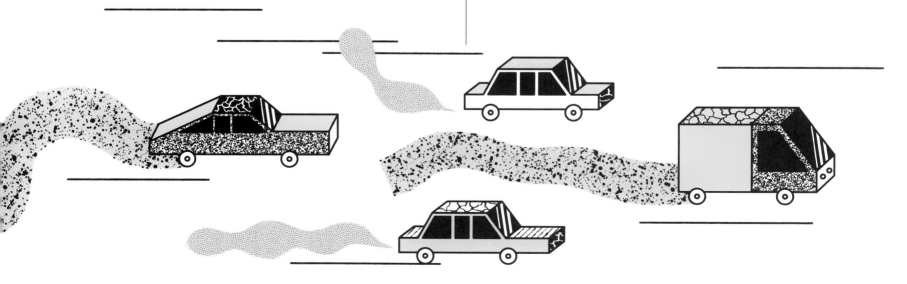

胶州湾大桥

地　　点：中国，青岛
建造时间：2006年 — 2011年
建筑用途：跨海通道
建筑设计：山东高速集团有限公司

- 你知道吗？世界上最长的10座大桥中，有7座都是中国的！
- 2011年，作为当时世界上最长的跨海大桥，胶州湾大桥荣登吉尼斯世界纪录榜单。
- 以下是关于这座大桥的几组数据，让人震撼：全长42千米左右，设有双向6条车道，桥下有5200根桥桩；使用了45万吨钢铁，足够建65座埃菲尔铁塔；使用了230万立方米混凝土，能填满约3800个奥运会泳池。
- 这座大桥很是坚固，能经受住8级地震、台风的考验和大型船只的撞击。

红崖谷玻璃吊桥

地　　点：中国，河北
开放时间：2017年
建筑用途：旅游景点

- 你有没有兴趣走一走离地面218米高的玻璃吊桥？有兴趣的话，可以去一趟河北平山，那里有一座。透明的桥面由1077块玻璃板组成，每块玻璃板厚4厘米。
- 整座桥全长488米，要走过去着实是个挑战。站在桥上时，脚下透明的玻璃会让人感觉自己悬在两座山峰之间。桥会随着行人的走动微微晃动，胆小恐高的人可能会害怕得不敢行走，需要别人帮助才能走到对面。
- 不过对于那些有胆量在桥上漫步的人来说，这是和巨石、瀑布、藏在群山之中的庙宇的一次亲密接触。
- 自从2017年12月24日对外开放，这座玻璃吊桥就成了热门的旅游景点。出于安全考虑，每次最多允许600人上桥。

第8章

拱券

"拱券"，乍听起来可能有点儿陌生，其实它是建筑学领域中经常出现的一个词，既是一种建筑结构，也起着装饰性作用。它的两侧是墙壁或柱子，中间是连续弯曲的跨空结构，形状可能是马蹄形，也可能是尖形、弓形、三叶形、复叶形、钟乳形……这取决于建造时当地的建筑风格偏好。

早在古代，人们就开始将拱券运用到建筑中。古罗马时期，它被广泛应用在桥梁、高架渠等建筑上，比如古罗马斗兽场。古罗马人还建造了凯旋门，这是一种独立的门状建筑，常用来纪念战争胜利，门上通常有双轮战车等浮雕、记录历史事件的文字和英雄雕像。

在接下来的几个世纪里，拱券成为拱顶和穹顶的基础结构。它一般由石块、砖块砌成，到了现代则多由钢铁和钢筋混凝土建成。

伊什塔尔城门

地　　点：美索不达米亚，巴比伦（现伊拉克）
建造时间：约公元前575年
建筑用途：防御

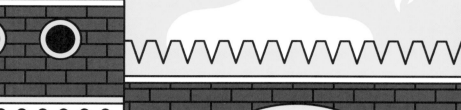

- 伊什塔尔在巴比伦神话里是战争、爱情和金星女神，狮子是女神的象征。
- 在美索不达米亚时期，人们建造了这座巨大的双重门来表达对这位女神的崇敬。它也是进入巴比伦城的入口之一。城门四周建有4座凸出来的方形望楼。这扇城门同其他7扇城门一起组成城墙防御系统。
- 伊什塔尔城门的前门较为低矮，高约15米。新年时，游行队伍会从这里一直进入城内的马尔杜克神庙。
- 城门外层铺满深蓝色的琉璃砖，还装饰有金色、棕色、白色等多种颜色的动物图案：狮子、野牛、怒

蛇①……这些动物浮雕象征着美索不达米亚的诸神。据统计，墙上一共有575幅动物图案！城墙上下装饰着一排排黄芯白花图案。

- 要想瞻仰这座五彩城门，不必去伊拉克，因为矗立在那里的只是仿制品。20世纪初，德国人在伊拉克考古发掘出真正的城门残片，随后将其运往德国。双重门中矮一些的城门，以及原本通往城门口的一部分道路，现今陈列在柏林的佩加蒙博物馆。而双重门中更高的那座城门，博物馆里根本放不下。

---

① 怒蛇，据说是巴比伦晚期神祇（qí）马尔杜克的宠物。

塞维鲁凯旋门

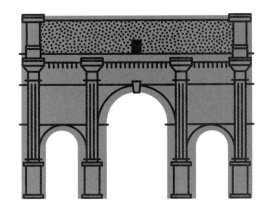

地　　点：意大利，罗马
建造时间：203年
建筑用途：纪念战争胜利

- 罗马帝国皇帝塞维鲁因在帝国东部的一系列战争而闻名。为了纪念并宣传他和两个儿子为国家开疆拓土的丰功伟绩，他下令在当时罗马最大的集会地——古罗马广场上建造这座凯旋门。
- 高大的拱门、昂贵的建筑材料、华丽的浮雕装饰，这座凯旋门处处都彰显着当时罗马帝国的强盛。它主要由石灰华和砖块制成，外面铺设了一层大理石。
- 塞维鲁凯旋门有3个拱门，中间的拱门高12米，两扇侧门高7余米。此外，它还有4根装饰柱，都有着高大坚实的柱基。
- 拱门表面的浮雕刻画了许多生动的内容：被捕获的战俘、河神、罗马军队凯旋的场景等。
- 一些刻有凯旋门的钱币幸运地保存至今。从钱币上看，凯旋门顶部曾有一组雕像，刻画了驾着四轮马车的塞维鲁和他的儿子们的形象。

泰西封拱门

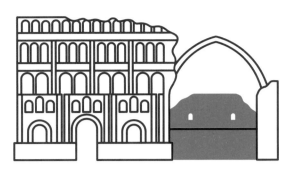

地　　点：波斯，泰西封（现伊拉克）
建造时间：6世纪
建筑用途：王宫

- 泰西封拱门是目前世界上最大的单跨式无钢筋砖造拱门之一，它是波斯王王座厅的部分遗迹。其拱顶高37米，拱跨达25米，拱长50米。
- 巨大的拱顶下是一间大厅，曾专门用于接见外国使臣。
- 为了加固这座庞大的建筑，当时的人们建造了厚达7米的墙基。而拱门的顶端只有1米厚。

科尔多瓦大清真寺

地　　点：西班牙，科尔多瓦

建造时间：785年 — 988年

建筑用途：宗教活动

- 伊比利亚半岛是欧洲第二大岛，分布着西班牙、葡萄牙等国家。而西班牙所属的那部分，从8世纪起被阿拉伯人占领，时间长达800年之久。
- 这座建筑由阿拉伯人建造，气势恢宏。
- 这座以美丽著称的建筑中最有名的是正殿里的"圆柱森林"。正殿里最初有1200多根圆柱，但现在只剩下850多根。正殿中的圆柱分为19行，其中一些柱子可追溯到古罗马时期。
- 柱子的顶端是有着双层拱券的拱门：下层是蹄形拱券，上层是半圆形拱券。这个结构是不是有点儿眼熟？它很像罗马的高架渠！红白相间的拱券由红砖和白石交替砌成，有种规律和谐之美。
- 1236年，卡斯蒂利亚①国王征服了科尔多瓦，改造了这座建筑。16世纪，西班牙则在此基础上进行了加建。

① 卡斯蒂利亚，西班牙历史上的一个王国。

韦尔斯大教堂

地　　点：英国，韦尔斯

建造时间：1175年 — 1490年

建筑用途：宗教活动、音乐活动、旅游胜地

建筑设计：威廉·乔伊等

- 韦尔斯虽然是英国最小的城市，但这里有一座非常漂亮的哥特式建筑②。
- 可能是由于13世纪的一次地震，建筑的中央塔楼上出现了裂痕，随时都有坍塌风险。为了加固塔身，建筑师决定搭建"剪刀拱门"。这是一种既可以达到加固作用，又可以作为装饰的设计。拱门的外观看上去非常现代化，但这是在1338年—1348年完成的！
- 这座教堂以其中世纪风格的彩窗玻璃、300多座立于建筑一侧墙壁上的雕塑，以及从1390年开始运转至今的机械钟而闻名，吸引着世界各地的游客。

② 哥特式建筑，一种曾流行于欧洲的建筑风格，在中世纪高峰与末期尤为兴盛。其建筑特色在于高高的尖顶和装饰漂亮的窗户等。

巴黎凯旋门

地　　点：法国，巴黎
建造时间：1806年 — 1836年
建筑用途：纪念战争胜利、迎接军队凯旋、无名英雄墓
建筑设计：让·弗朗索瓦·夏格伦

- 据说，法国人都会唱一首名叫《香榭丽舍大街》的歌。香榭丽舍大街是世界三大繁华中心大街之一，在这条街上，坐落着巴黎的一座地标式建筑——凯旋门。

- 这座凯旋门是以单拱的提图斯凯旋门为原型设计修建的。

- 为了纪念法兰西帝国在奥斯特里茨战役中获胜，当时的皇帝拿破仑下令修建这座凯旋门，但直到1821年他病逝，这座凯旋门也没有完工。工程历经30年才完成。而直到1840年，拿破仑的遗体被运回巴黎安葬时，他的灵柩终于从凯旋门下通过。

- 巴黎凯旋门的门楣上方是30面盾牌，雕刻着法国大革命和拿破仑战争时期获胜的战役名称。两边门柱的墙面上依次有4组浮雕，分别代表着：出征、胜利、和平与抵抗。它的内壁上刻着660位将士的名字！

- 1921年起，巴黎凯旋门下面设立了无名英雄墓。每天晚上六点半，记忆的火把准时在这里点燃，祭奠那些世界大战中的无名遇难者。

- 登上巴黎凯旋门顶部50米高的观景台，可以将巴黎美丽的街景尽收眼底。

勃兰登堡门

地　　点: 德国，柏林
建造时间: 1788年—1791年
建筑用途: 纪念战争胜利
建筑设计: 卡尔·格特哈、
　　　　　德·朗汉斯

- 勃兰登堡门被视为柏林的名片及德国统一与和平的象征，它位于柏林市中心两条街道的交汇处，起初是柏林城墙的一道门。
- 建筑的造型参考了雅典卫城雄伟的山门——中间两根柱子的间隔相比其他相邻柱子的间距更远。
- 希腊元素也出现在了支柱上。柱身的装饰浮雕刻画了大力神海格力斯等希腊神话人物，门顶中央是一尊高约5米的胜利女神铜像。

- 在1918年以前，只有皇室成员才有资格从城门正中央的通道通过。
- 1994年起，在勃兰登堡门旁边的一座建筑里，设置了一间供普通民众冥想的房间，不论你来自哪里，有什么信仰，都可以在这里冥想。

圣路易斯拱门

地　　点：美国，圣路易斯
建造时间：1964年 — 1965年
建筑用途：纪念
建筑设计：埃罗·沙里宁

- 位于密西西比河畔的圣路易斯市，是美国民众在19世纪初向西部大陆进发的起点。
- 这座大拱门式的纪念碑，象征着西征先辈开拓进取的精神。
- 拱门由不锈钢建造，就坐落在密西西比河畔。

- 拱门的跨度和高度都是192米，相当于63层楼那么高！
- 这是世界上最高的拱形纪念碑。
- 游客如果想登上拱顶远眺，可以乘坐位于拱门底部两侧的升降电梯，仅需4分钟即可到达拱顶。每年都有近100万人乘坐电梯登顶观光。

梅里达国立古罗马艺术博物馆

地　　点：西班牙，梅里达

建造时间：1980年 — 1986年

建筑用途：收藏、展览

建筑设计：拉斐尔·莫内欧

- 西班牙梅里达是欧洲古罗马遗迹最多、保存最完整的城市之一，在公元前25年由古罗马人建立，当时的名字叫"奥古斯塔·埃梅里塔"。
- 直到今天，梅里达还保存着许多古罗马时期的建筑、雕像、镶嵌艺术品和钱币、陶瓷器具、玻璃等日常用品。修建梅里达国立古罗马艺术博物馆，主要是为了保护和展示这些考古发现。
- 博物馆的不远处有两个保存完好的遗迹——古罗马剧场和圆形竞技场。
- 博物馆内矗立着一排排砖砌拱门，光线从拱门上方的透明天窗照进室内。"巧妙的采光设计给室内带来不断变化的金色洗礼，与饱经沧桑的灰白调文物形成强烈对比。"普利兹克建筑奖评委会这样评价道。
- 砖砌拱门密切了博物馆与古罗马的联系，因为拱形建筑是古罗马的标志之一，这也使展馆与展出的文物组成和谐的整体。

新凯旋门

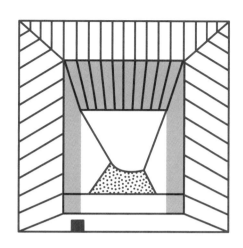

地　　点：法国，巴黎

建造时间：1984年 — 1989年

建筑用途：纪念、办公、展览、观光

建筑设计：约翰·奥托·冯·施普雷克尔森

- 巴黎有一条著名的"历史轴线"，这是一条从市中心向西延伸的城市中轴线，沿线有一系列广为人知的古迹、建筑和街道等，比如新凯旋门和卢浮宫。
- 中轴线向西的尽头就是这座巨型拱门，离市中心5千米左右。虽然从建筑学的角度来说，它并不是拱门，但建筑师认为，新凯旋门是一座现代拱门，是为纪念法国大革命胜利两百周年而建的新时代凯旋门。
- 这座大拱门用混凝土、大理石和玻璃建成，正面看上去就像一个被挖空的立方体，长和宽大约都是110米。中间悬挂着一顶云朵一样的遮阳篷，可以为下面的人遮阳挡雨。建筑目前主要用于办公。

第9章

穹顶

你有没有见过穹顶？这是一种半球形屋顶，屋顶下除了墙壁之外，不需要任何支撑就可以覆盖住一个巨大的空间。建筑内也因此多出很多空间。人们很早就会建穹顶了。从人类早期到现在，穹顶越建越大。几千年来，建造穹顶的材料一直在变化。根据具体的使用需求和建造技艺，穹顶有的是封闭的，有的多了一种叫作"眼"的孔洞，阳光可以透过眼洞照进屋内。渐渐地，人们不仅希望穹顶越建越大，还希望它越建越高，以便让更多的阳光照射进来。于是，穹顶顶部开始出现各种形状的、有窗的附加建筑，也就是"采光亭"。穹顶内壁也出现了壁画等装饰。

下面，请随我一起了解历史上那些著名的穹顶吧！

万神庙

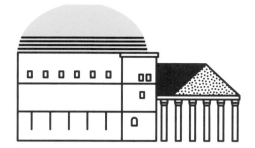

地　　点：意大利，罗马

建造时间：始建于公元前25年 — 公元前27 年，
　　　　　重建于118年 — 125年

建筑用途：宗教活动

建筑设计：阿格里帕

- 古罗马人在许多领域都取得了杰出成就，其中一个就是建筑。万神庙的穹顶迄今仍是世界上最大的无钢筋混凝土穹顶！
- 万神庙是一座有着高高的带孔穹顶的巨型建筑，穹顶上的"眼"是整座建筑唯一的"窗户"。这个"眼"很大，直径近9米，而且没有任何遮挡。白天，光线由此照进万神庙内部。雨天，雨水也会侵入进来。古罗马人是如何解决室内积水问题的呢？他们设计了排水设施，让雨水通过地下排水通道排出去。
- 这座穹顶直径大约43.3米，和建筑的高度一致。穹顶内壁表面有一排排方形凹槽，不仅起到装饰作用，还有调整结构的功能——它从技术上减少了穹顶所需承受的重量，使其变得轻薄，也更显庄重。
- 关于这座神奇的建筑，还有说不完的趣事！传说罗马建成的那天是4月21日，通过巧妙的设计，古罗马人让阳光在每年3月春分、9月秋分和4月21日都能通过穹顶的眼洞，照亮整座建筑内部。试着想象下当年皇帝踏进万神庙的场景：他在阳光下闪闪发光，宛如神临！
- 今天，游客们络绎不绝地前往万神庙，在这里参观意大利国王和艺术家拉斐尔等历史名人的陵墓。

圆顶清真寺

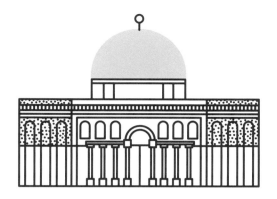

地　　点：以色列，耶路撒冷

建造时间：687年 — 691年

建筑用途：宗教活动

- 这座建筑坐落在耶路撒冷。建筑内有一块巨大的淡蓝色岩石，对犹太人和穆斯林来说，这里是神圣之地。
- 这座建筑的穹顶外层覆盖的是纯金，当时熔掉了许多许多金币，才将穹顶打造成金光闪闪的样子！可惜的是，在建成后的几个世纪里，黄金陆续被盗。现在穹顶上覆盖着的是总重80千克的纯金箔，是约旦第三代国王侯赛因送给这座建筑的礼物。
- 这座建筑的平面图呈八角形，共有4扇门。
- 穹顶最顶端是铜制圆圈。

佛罗伦萨大教堂

地　　点：意大利，佛罗伦萨
建造时间：1296年 — 1471年
建筑用途：宗教活动
建筑设计：菲利波·布鲁内莱斯基

- 1418年，佛罗伦萨大教堂举办加盖穹顶的设计竞赛，共12位建筑师参赛，最后布鲁内莱斯基脱颖而出，成为穹顶的总建筑师。
- 这座穹顶设计新颖，成为那个时代的建筑杰作之一，被认为是建筑界文艺复兴的开端和佛罗伦萨的象征。
- 穹顶共有内外两层，内外都呈八边形。两层之间有一段可以通向穹顶顶端的楼梯。穹顶上分布着8组等距离的白色肋架①。
- 穹顶之上建有采光亭。采光亭顶端装饰有镀金圆球和铜十字架。金球虽然看起来很小，但实际上能容纳16个人。
- 佛罗伦萨大教堂的穹顶后来成为梵蒂冈圣彼得大教堂穹顶的设计原型。

---

① 肋架，构成拱顶的骨架，也叫拱肋，其间常镶嵌相对轻薄的石片或砖片，以减轻拱顶重量。

圣彼得大教堂

地　　点：梵蒂冈
建造时间：1506年 — 1626年
建筑用途：宗教活动
建筑设计：米开朗琪罗

- 圣彼得大教堂的穹顶就建在圣彼得墓地的正上方。穹顶的直径约42米，顶高为136米，是世界上最大的穹顶之一。
- 米开朗琪罗主持施工时年事已高，因此只完成了穹顶最低的一部分，也就是穹顶鼓座②。贾科莫·德拉·波尔塔和多梅尼科·丰塔纳按照他的设计，督造了余下工程。
- 和佛罗伦萨大教堂一样，这座穹顶也有内外两层。两层之间建有楼梯，通往教堂顶端。想登上穹顶俯瞰整个梵蒂冈，必须爬过这330级台阶。
- 这座穹顶内镶嵌着闪闪发光的壁画。尤其是使用了大量金色的马赛克装饰，使得整个穹顶看上去熠熠生辉。从外面看，穹顶的轮廓十分饱满。
- 这座穹顶上面是一座17米高的采光亭。
- 这座穹顶的设计风格后来被许多建筑师参考。如果你有机会仔细看看英国圣保罗大教堂的穹顶、巴黎荣军院的穹顶和华盛顿美国国会大厦的穹顶，就能发现相似之处。
- 今天，我们看到的圣彼得大教堂建于16世纪—17世纪。人们修建了100多年，才终于建成这座当今世界上最大的教堂。

---

② 鼓座，支撑穹顶的环形墙。

泰姬陵

地　　点：印度，阿格拉

建造时间：1631年 — 1653年

建筑用途：陵墓

建筑设计：乌斯塔德·艾哈迈德·拉合里

- 我们都喜欢听轰轰烈烈的爱情故事，位于阿格拉的泰姬陵就是一个见证凄美爱情的胜地。这座建筑是伤心欲绝的皇帝沙·贾汗为自己心爱的妃子阿姬曼·芭奴修建的陵墓，记录了他们之间绝美的爱情。
- 陵园完美对称，中央是一座有着洋葱形穹顶的陵墓，外墙上装饰着文字和莲花图案，大穹顶的周围是4座相同形状的小穹顶。穹顶上方装饰着一弯新月①。大门位于泰姬陵的中轴线上，肃穆明朗。

- 陵墓的外墙镶嵌有28种珍稀石料。
- 共有20000名工人和1000头大象参与建造！
- 1983年，泰姬陵被联合国教科文组织列入《世界遗产名录》。2007年，它被评选为"世界新七大奇迹"之一。

① 本书绘者擅长用大胆简约的线条来描绘建筑，故图中泰姬陵与实际建筑有一定的细节差异。

百年厅

地　　点：波兰，弗罗茨瓦夫
建造时间：1911年 — 1913年
建筑用途：多功能休闲娱乐
建筑设计：马克斯·伯格

- 钢筋混凝土是19世纪的发明，当时人们十分关注第一批使用这种材料的建筑。百年厅就是钢筋混凝土建筑史上的一个里程碑，它的穹顶用钢筋混凝土建造，是当时世界上最大的穹顶！传闻封顶后工人们不敢撤掉穹顶的模板，生怕这座巨大的球形建筑会随时坍塌。建筑师只能付费给路人，请他们来完成撤支架的工作。

- 为免其他东西遮挡建筑本身的光彩，直径65米的穹顶没有任何装饰——这座巨型钢筋混凝土穹顶本身就是百年厅的标志。

- 17世纪到18世纪的一段时间里，整个西里西亚①都属于普鲁士。1813年，普鲁士国王腓特烈·威廉三世在弗罗茨瓦夫宣布全面抵抗拿破仑入侵，百年厅的建造就是为了纪念抵抗拿破仑入侵100周年。与百年厅同时建造的还有其他展览和休闲建筑。

- 厅内曾摆放着当时全世界最大的管风琴，只可惜它在第二次世界大战时被毁。管风琴的残余部分现存于弗罗茨瓦夫主教座堂内。

- 百年厅是弗罗茨瓦夫最具特色的名片之一，2006年，它被联合国教科文组织列入《世界遗产名录》。

① 西里西亚，中欧的一个历史地域名称。该地域的大部分现属于波兰，小部分属于捷克和德国。

世博会富勒球

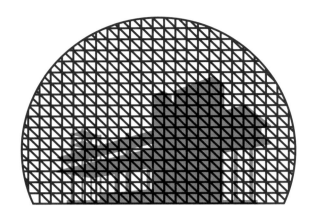

地　　点：加拿大，蒙特利尔
建造时间：1967年
建筑用途：展览
建筑设计：巴克敏斯特·富勒

- 富勒将这座富勒球命名为"网球格顶"，它也被人们称为"生物圈"。富勒球其实是一座由许多等腰三角形结构组成的网状穹顶。为什么要用三角形呢？或许你已经猜到了，因为三角形是最稳固的形状。

- 富勒球内是一座7层楼的展览馆，起初是1967年世博会的美国馆。造型独特的穹顶引起了公众的兴趣，从世博会开幕起的6个月时间里，有500多万人参观了美国馆！

- 1976年，一场大火烧毁了富勒球的外层装饰，之后好多年，这座建筑都无人问津。直到1990年，它被加拿大政府收购，用来展览五大湖②和圣劳伦斯河的生态系统，才重焕光彩。

② 五大湖，美国和加拿大之间相连的 5 个湖泊的总称，包括苏必利尔湖、密歇根湖、休伦湖、伊利湖和安大略湖。

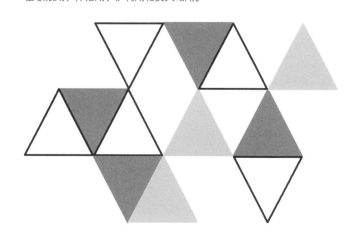

千年穹顶

地　　点：英国，伦敦

建造时间：1997年 — 1999年

建筑用途：多功能休闲娱乐

建筑设计：理查德·罗杰斯

- 想必没有人不喜欢过生日吧？大家都喜欢庆祝特别的日子。这不，趁着千禧年来临之际，英国人建了一座巨大的穹顶建筑！这座穹顶直径365米，周长1000米！穹顶采用膜结构，由涂有聚四氟乙烯（PTFE）的玻璃纤维织物制成，厚度仅1毫米，表面呈白色。穹顶之上还"钉"着12根100米长的钢质桅杆。如果这一造型让你联想到人们举着双手说话的样子，建筑师的目的就达到了！

- 穹顶下面的空间很大，设有几十个房间。

- 雨天，雨水沿着穹顶滑落，被特殊的蓄水池收集起来，之后用来冲厕所等。

- 白天，日光透过穹顶照亮建筑内部。如此一来，节省了不少用电量。

- 这座穹顶是英国政府献给伦敦的"礼物"，也是为迎接21世纪而兴建的标志性建筑。

第10章

集中式建筑

　　圆形在许多文化里象征着天、宇宙、完美和永恒。凯尔特人（生活在欧洲大陆上的一个族群）相信，画圈为界可以抵御敌人和邪恶力量。在一些文化中，太阳、月亮和星星是世界的象征。

　　在古代，许多重要的建筑都被设计成圆形结构，比如圣坛、陵墓等。圆形也是最简单的集中式建筑结构。后来，人们在此基础上不断延伸，建造出正方形或正多边形结构的建筑。而这些建筑都有一个共同的特点，那就是有两条甚至多条对称轴。

　　下面，我们就一起认识下那些经典的集中式建筑吧！

巨石阵

地　　点：英国，威尔特郡
建造时间：约公元前3100年
建筑用途：观测天象等

- 巨石阵是世界上著名的圆形石造建筑之一，由若干块按规律排列的巨石组成，周围环绕着一圈浅沟。最外侧的巨石圈直径大约30米，修建时使用了两种石料，大一些的是英国南部常见的石头，其中一块是现存最大的石头——"脚跟石"，重达30多吨！小一些的石头是蓝砂岩，这种石材在破碎的瞬间或受潮后会呈现出蓝色，它们可能来自300多千米以外的威尔士，每块重2~5吨。

  我们很难想象巨石阵是怎样建成的。建造者也没有留下任何记录来解释它的建造原因和方法。有专家经过研究推测，要建造这样一个巨石阵，首先要在地面上挖出一个大坑，然后借助绳索把石头竖直放进坑内，最后用碎土把坑填满。据计算，想要将20

吨重的巨石用上述方法竖直摆放，必须有180个人一起拉动绳索！

- 至于它的用途，经过多年研究，目前有好几种说法，其中最流行的说法认为，巨石阵是一个天文观测台。

- 1915年，塞西尔·丘伯在拍卖会上买下了巨石阵，不过不到3年，他便把巨石阵捐赠给了英国政府，现在，巨石阵归英国政府所有。这位捐赠者只有一个要求，那便是对游客开放巨石阵。由于他对国家的杰出贡献，英国女王特封他为爵士。

- 1986年，巨石阵被联合国教科文组织列入《世界遗产名录》。

灶神庙

地　　点：意大利，罗马
建造时间：公元前3世纪
建筑用途：祭祀

- 你听说过灶神吧？在古罗马神话中，维斯塔是守护家庭的女神和炉灶女神。罗马帝国时期，人们建造了很多供奉她的神庙，其中最古老的一座维斯塔圆形神庙就位于意大利罗马。
- 这座建筑被20根柱子环绕，俯瞰呈直径15米的圆形。古罗马时代，神庙被认为是神居住的地方，普通人不可擅入。建筑内部分为两个部分，一边燃烧着终日不熄的火焰，另一边是供人居住的圣殿。
- 394年，罗马帝国皇帝狄奥多西一世下令熄灭了灶神庙里燃烧的圣火。
- 灶神庙一直矗立到16世纪，随后被拆，拆下来的部分建筑材料被用于建造不同的教堂。
- 20世纪30年代，意大利法西斯独裁者贝尼托·墨索里尼下令重修了灶神庙的部分建筑。

圣索菲亚大教堂

地　　点：土耳其，伊斯坦布尔
建造时间：532年 — 537年
建筑用途：宗教活动
建筑设计：伊西多尔，安提莫斯

- 东罗马帝国皇帝查士丁尼一世希望建一座受世人称赞、美丽而宏伟的教堂。他征集了20000名劳工，短短几年就建成了圣索菲亚大教堂。他觉得这功绩可以和所罗门[①]一较高下，传说这位大帝在竣工时不禁说了一句："所罗门，我超越你了！"
- 这座教堂使用了从帝国各地运来的珍贵石材，甚至包括从希腊神庙上拆下的建筑材料，现在教堂里还矗立着原属于"古代世界七大奇迹"之一的阿耳忒弥斯神庙的古希腊石柱。
- 最引人称赞的是教堂高高的穹顶。作为拜占庭式建筑[②]的杰作，这座穹顶不仅美丽，还有着先进的构造。穹顶与众不同的创新结构，被后来的土耳其建筑师们多次运用于修建清真寺。圣索菲亚大教堂在建成后的近千年里，一直是世界上最大的教堂，直到被西班牙的塞维利亚主教座堂超越。
- 1453年，土耳其人占领君士坦丁堡（即现在的伊斯坦布尔）。此后，圣索菲亚大教堂的宗教职能一直履行到1931年。20世纪30年代，大教堂被改建成博物馆，原来被遮住的马赛克镶嵌画也得以重现。
- 1985年，它连同所在的伊斯坦布尔历史区，一同列入《世界遗产名录》。

---

① 所罗门，古以色列联合王国（公元前 1050 年～公元前 930 年）的第三任君主，被犹太民众奉为历史上最伟大的君主。
② 拜占庭式建筑，一种建筑的艺术形式，具有鲜明的宗教色彩，其突出特点是屋顶呈圆形。

圣马可大教堂

地　　点： 意大利，威尼斯

建造时间： 始建于9世纪，11世纪重建

建筑用途： 宗教活动

- 很多朋友都听说过，伊斯兰教不允许信徒吃猪肉，甚至不能碰猪肉。828年，威尼斯商人正是利用这一点，从埃及偷走了圣马可的遗骸。当时这件"行李"上盖了一层猪肉，穆斯林并没有意识到它有多么珍贵。同年，威尼斯建造了圣马可大教堂，将遗骸安放在这里。圣马可大教堂拱门上的几组13世纪的镶嵌画，描绘的就是这一历史事件。

- 这座建筑虽然建在威尼斯，但属于拜占庭式建筑，其中最让人印象深刻的就是它的穹顶和壁画。圣马可大教堂以马赛克镶嵌画闻名，且大部分以黄金装饰。这些画的创作跨越了几个世纪，总面积超过8000平方米！

- 这座建筑里有500多根石柱，大多建于6世纪—11世纪。

- 应当时的威尼斯总督（威尼斯共和国的最高行政长官）要求，每艘威尼斯商船都给教堂送来了装饰礼物。在圣马可大教堂的入口上方，有一座公元前4世纪的4匹镀金青铜战马雕塑，它是威尼斯人于1204年从君士坦丁堡洗劫而来的。

- 经过几个世纪的积累，教堂里摆满了雕塑、壁画、珍宝等藏品，变得更加富丽堂皇。圣马可大教堂曾经一直是威尼斯总督的私人教堂，直到1807年才对外开放。

坦比哀多礼拜堂

地　　点： 意大利，罗马

建造时间： 1502年 — 1510年

建筑用途： 宗教活动

建筑设计： 伯拉孟特

- 坦比哀多在意大利语中是"小神殿"的意思。这座建筑位于罗马蒙托里奥的圣彼得教堂庭院内，内部地面直径只有4.5米左右。

- 它的基本形态和罗马的灶神庙有相似之处，建造这座建筑时，艺术家们正着迷于模仿古代艺术，伯拉孟特也不例外。它的平面图呈圆形，整座建筑上盖着穹顶，周围有由16根柱子组成的圆形回廊，以支撑穹顶。16根柱子的设计并非偶然，16是8的两倍，而8则被认为是完美和无限的象征。

- 西班牙皇室夫妇费尔南多二世和伊莎贝拉一世资助了这座建筑的建造（这对夫妇还资助了哥伦布，使他最终得以发现"新大陆"）。

圆厅别墅

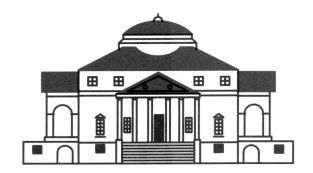

地　　点：意大利，维琴察
建造时间：1550年 — 1552年
建筑用途：城郊别墅，用于待客、聚会
建筑设计：安德烈亚·帕拉第奥

- 圆厅别墅，即阿尔梅里科－卡普拉别墅，是一座独栋式贵族住宅，坐落在维琴察的一个小山丘上。这座别墅被大自然包围，离城市也不远，是休闲度假的好去处。建筑师在设计时以万神庙为参考对象，因此，建成后的别墅的形状和样式与万神庙的非常相似。

- 别墅内的空间完全对称，其"心脏"是一个带有穹顶的圆形大厅，厅内的墙壁上装饰着壁画，让人有一种置身教堂，而非乡间别墅的独特感受。别墅四面设有同样的入口，建筑师希望主人从每个角度都可以欣赏到周围优美的自然景色。每一个入口都有一段台阶，上去后是一个带有立柱的门廊，进入后即可通过大门进入室内。

- 这座别墅的平面图是正方形的，那为什么叫"圆厅别墅"呢？这主要源自它正中央的圆形大厅。

- 后来，这座建筑成了欧洲此类建筑的灵感来源，英国有大量模仿这种风格的建筑，波兰也参考它的结构样式，在华沙建造了克罗利卡尼亚宫。这座建筑甚至影响到了美国，比如弗吉尼亚大学图书馆。

- 1994年，意大利城市维琴察，以及包括圆厅别墅在内的帕拉第奥的其他建筑作品，一起被联合国教科文组织列入《世界遗产名录》。

皇家阿尔伯特音乐厅

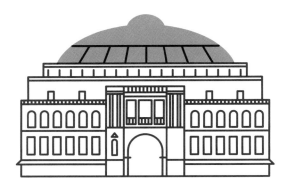

地　　点：英国，伦敦
建造时间：1867年 — 1871年
建筑用途：音乐厅
建筑设计：弗朗西斯·福克、亨利·斯科特

- 维多利亚女王曾经统治英国64年，享誉世界，她的丈夫阿尔伯特亲王在世时非常热爱科学艺术。他计划在英国建一座能包容多元文化，并对公众开放的建筑群，也就是后来的皇家阿尔伯特音乐厅。不过建筑尚未完工，阿尔伯特亲王就去世了。女王为了纪念他，用他的名字命名了音乐厅。

- 音乐厅的对外开放实现了阿尔伯特亲王的愿望。如今，它不仅是音乐厅，也是举办文化活动、会议和酒会的重要场所。1941年以来，它更是以举办古典音乐会——逍遥音乐会而闻名于世。

- 音乐厅的地基是椭圆形的，外形参考了古罗马斗兽场的设计，外墙主要由红砖构成，上方是以锻铁作支架的圆形玻璃穹顶。整个大厅可以容纳5000多人。

- 直到1888年，音乐厅才安装了完整的照明系统。音乐厅建成后一直采用煤气照明系统，当时，这种全新的照明系统却被民众批评是"非常可怕且令人不舒服的创新"。

- 第二次世界大战时，音乐厅因为被德国飞行员当作伦敦地标，幸运地躲过了轰炸。

所罗门·R·古根海姆博物馆

地　　点：美国，纽约

建造时间：1956年 — 1959年

建筑用途：博物馆

建筑设计：弗兰克·劳埃德·赖特

- 这是一座风格独具的博物馆，在周围的住宅中鹤立鸡群。与众不同的不仅是它的颜色，还有形状。博物馆让人想起卷轴、宽头窄尾的白丝带、螺旋形贝壳、有着一个中心点的蜘蛛网。曾经还有人将这座建筑比作巨型饼干、果冻、洗衣机……
- 建筑内部有一条430米长的螺旋坡道，从大厅一直延伸至顶部，沿着坡道的墙上摆放着陈列品，观众可以边走边欣赏。坡道的尽头是玻璃穹顶，日光由此洒进室内。
- 博物馆里展出的是所罗门·R·古根海姆基金会的藏品。建筑本身几乎同展出的艺术品一样出名。

- 博物馆的建造时间并不长，但700张设计草图就花了整整15年！投资人和建筑师在建筑未完工时就去世了，都没能等到开馆仪式……
- 纽约人并没有立刻喜欢上这座建筑。曾经有21位艺术家联名抗议，拒绝将自己的作品放在这里展出！一些人认为，博物馆的结构设计和它要履行的职能并不匹配，参观者走在斜坡上时，不管是往上走，还是往下走，都只能从侧面欣赏艺术品，而且，相对较小的墙壁空间无法展出大型展品。也有许多人认为建筑本身抢了展品的风头。

巴西利亚大教堂

地　　点：巴西，巴西利亚

建造时间：1958年 — 1970年

建筑用途：宗教活动

建筑设计：奥斯卡·尼迈耶

- 一个国家的首都，通常都历史悠久，拥有许多古老的建筑和文物。但是巴西不一样——它的首都巴西利亚是一座1960年时才在无人区建立起来的城市，城中的居民楼、道路、学校、医院、教堂……一切都必须从头开始规划，许多建筑都是奥斯卡·尼迈耶设计的，包括这座巴西利亚大教堂。它也被叫作阿帕雷西达圣母大教堂，阿帕雷西达圣母被认为是巴西的守护神。

- 教堂大厅呈圆形，位于地下，直径70米，地表部分是穹顶，由16根混凝土柱子支撑，它们的形状象征着举向天空的手，也象征着荆棘王冠。相邻的两根柱子之间是白蓝相间的彩窗。穹顶内有几个悬在半空中的天使雕像。建筑外则分别摆放着4座3米高的人物雕像。

- 每年有100多万人参观这座大教堂，它已成为巴西的象征！

丝带教堂

地　　点：日本，广岛

建造时间：2013年

建筑用途：举办婚礼

建筑设计：中村拓志&NAP建筑设计事务所

- 丝带教堂的造型宛如一条飘在空中的丝带，和普通教堂大为不同，让人好奇：它是不是有什么特殊的用途？
- 这其实是一座婚礼礼堂！"丝带"部分是两道顶部相接的螺旋楼梯，象征着两个独立的人的人生之路。当新人沿着楼梯走向楼顶，周围的海洋、山脉、天空和远处的海岛在眼前忽隐忽现，而两人在楼梯顶端的相遇则象征着共结连理、开启共同生活。
- 建筑内是一间可以容纳80人的小礼堂，在那里能看到整片海洋。

- 建筑师曾说："丝带教堂的设计概念在于两个独立的个体在经过不同的人生旅途后，选择同一条道路，携手开始人生的下半程。我认为这也是日本建筑的特色之一，这种观念同样流淌在我的身体里，促使我将其表现在作品中。"
- 许多新人选择在这里举办婚礼，建筑师本人也不例外！

第11章

巴西利卡

　　巴西利卡是古罗马的一种公共建筑形式，不过这个词最初源自古希腊。在古罗马时代，它是集市，也是公共集会和审判的地方。当时的巴西利卡呈长方形，内部被分成一间中殿和两个侧廊；中殿比侧廊高，由一排柱子隔开——这是一种典型的巴西利卡建筑，即三跨式巴西利卡。中殿上方开有窗户，阳光由此倾泻而入。整座建筑的长边一侧修有入口，短边一侧修有半圆形后殿。

　　巴西利卡内部空间大，能容纳很多人，因此成为早期很多建筑的参考对象。经过几百年的发展，原先的建筑结构逐渐有了变化，出现了许多附加元素，比如耳堂、塔楼等。

　　历史赋予了巴西利卡丰富的含义。在建筑学中，"巴西利卡"一词代表中殿最高、能确保室内采光的建筑。对于天主教堂来说，"巴西利卡"是一个荣誉头衔，指那些拥有特殊地位的大教堂。因此，有些教堂即使从建筑学角度来说不是巴西利卡风格，也可以得到巴西利卡的称号。比如格但斯克的圣母升天圣殿，它本身属于哥特式教堂，且中殿和侧廊一样高；还有威尼斯的圣马可大教堂，它呈环形结构。

　　巴西利卡式的风格主要用于修建教堂，不过，在世俗建筑中也能找到它的身影，尤其是一些公共建筑。

马克森提乌斯和君士坦丁巴西利卡

地　　点：意大利，罗马

建造时间：308年 — 312年

建筑用途：集会、行政和交易等

- 古罗马广场上有许多神庙、凯旋门和巴西利卡建筑，其中最大的建筑就是马克森提乌斯[1]和君士坦丁[2]巴西利卡。同罗马的其他巴西利卡一样，它曾是集会和交易的场所，也曾是行政大楼，是古罗马重要官员的办公室。
- 这座巴西利卡的建造从马克森提乌斯皇帝在位时开始，最后在君士坦丁大帝时期完工。耳堂中曾放置着近9米高的君士坦丁雕像。如今，雕像近3米高的头部被存放在附近的卡比托利欧博物馆。
- 它是古罗马留下的最震撼人心的建筑之一，长达100米！地面上铺设着由几何图形组成的彩色大理石，屋顶上是镀金的青铜瓦。
- 847年，这座巴西利卡部分被毁，很可能是地震导致的。
- 后来，分隔中庭和侧廊的立柱也在一场地震中毁坏，只剩下一根。1614年，教皇保罗五世将这根立柱迁移到了圣马利亚焦雷广场。
- 残余的屋顶碎片后来被用来建造旧圣彼得大教堂。

---

① 马克森提乌斯，罗马帝国皇帝。
② 君士坦丁，即君士坦丁一世，罗马帝国皇帝。

君士坦丁大殿

地　　点：德国，特里尔

建造时间：4世纪

建筑用途：原是君主宫殿，现在用于宗教活动

- 现在的君士坦丁大殿，只是昔日宫殿群的一部分。1856年起，它被改建为教堂。
- 从建筑学角度来看，它没有侧廊，并不是巴西利卡风格。人们也不可能在王宫里进行交易活动，所以它也不需要给商人留出摆摊的位置。
- 这个大殿是古罗马宫殿里现存最大的大厅，长达67米！建筑内部装饰华丽，供暖充足，大厅的双层地板下有5个加热炉。
- 自4世纪建成以来，它曾被多次扩建、改造，到19世纪时，才被恢复原貌！
- 第二次世界大战时，君士坦丁大殿部分被毁。今天我们看到的大殿，天花板和部分墙壁并不是原来的材料，但重建部分还是和原来的结构保持一致。
- 1986年，它被列入《世界遗产名录》。

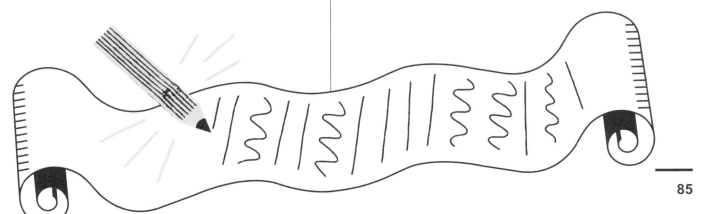

旧圣彼得大教堂

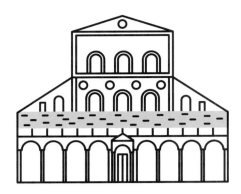

地　　点：梵蒂冈

建造时间：4世纪

建筑用途：宗教活动

- 在4世纪，人们花费了约 40 年，建成了这座矗立了十几个世纪的宏伟建筑。
- 在建成后的1000多年里，这座建筑由于遭遇偷盗、恶劣气候以及年久失修等问题，内外部都经历了多次修复和改造。在完全拆毁之前，它一直是一座闻名世界的标志性建筑。
- 它是一座巴西利卡式建筑，不同的是，它新增了耳堂的设计。穿过带有喷泉花园的中庭，经过前厅，便可进入这座拥有5条廊道的建筑。建筑内部四处都是马赛克壁画。
- 古罗马时，人们利用古建筑的部分材料建造了许多建筑。修建圣彼得大教堂时，甚至使用了其他建筑的柱子！
- 这座建筑历经了千余年的风雨和战火，到16世纪时，只有古祭坛保留了8根柱子，原有的建筑几乎都被损毁了。人们将它拆除重建，历时100多年才建成我们今天看到的新圣彼得大教堂。

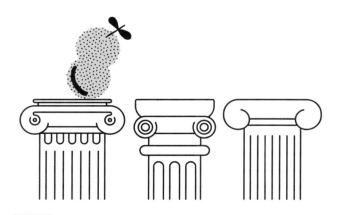

圣阿波利纳雷教堂

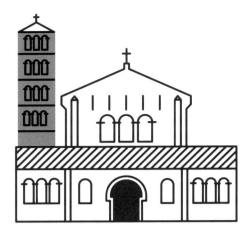

地　　点：意大利，拉韦纳

建造时间：533年 — 549年

建筑用途：宗教活动

- "教堂设计简洁，装饰奢华考究，是早期巴西利卡建筑的杰作。"1996年，圣阿波利纳雷教堂被联合国教科文组织列入《世界遗产名录》，得到这样的评价。
- 这座教堂是典型的巴西利卡式建筑。教堂里有两排雕刻精美的大理石柱，将整个空间分成中殿和两间侧廊。
- 这座教堂以漂亮的镶嵌壁画闻名，半圆形后殿中描绘了一片有着岩石、灌木等植物和鸟儿的绿色河谷。

沙特尔主教座堂

地　　点：法国，沙特尔

建造时间：1194年 — 1220年

建筑用途：宗教活动

- 12世纪，许多人用资金支持教堂建筑。仅300年间，法国境内就建起了80座哥特式教堂！其中，最大、最漂亮的建筑之一就坐落在沙特尔。
- 虽然这座建筑面积很大，不过当时共有近300名工人同时建造，因此耗时并不长。整体风格的和谐统一成就了这座几近完美的杰作。
- 这座建筑长达130米。墙外侧有飞扶壁支撑，能从外部加固建筑，分散一部分拱顶重量。也多亏了这些飞扶壁，墙壁才不至于过于厚重，得以开凿出176扇玻璃花窗，总面积达2600平方米！
- 沙特尔主教座堂目前保存完好。中殿四周的门廊装饰着精美的雕刻，以及那个时代流行的、光彩夺目的彩色玻璃。无怪乎在很长一段时间里，它都被称为全欧洲最美丽、最具历史影响的教堂之一。
- 建筑中殿的地面上有全欧洲最大的迷宫，共12圈，长达262米。人们需要近一个小时才能走出迷宫。
- 1979年，这座建筑被列入《世界遗产名录》。

拉特朗圣若望大殿

地　　点：意大利，罗马

建造时间：始建于314年 — 318年，重建于14世纪 — 18世纪

建筑用途：宗教活动

- 拉特朗圣若望大殿不仅建造时间早，而且级别极高。它曾多次遭遇火灾，但经过不断修复扩建，这座建筑变得越来越富丽堂皇、气势宏伟。
- 从4世纪到14世纪，这座建筑一直备受宗教人士关注。
- 建筑的名字来自这片土地曾经的所有者——拉特朗家族。
- 这是一座有5条通道、长达130米的巴西利卡式建筑。半圆形后殿内装饰着13世纪的马赛克镶嵌壁画。在建筑正中央，即中殿和耳堂相交处，有一座祭坛。
- 建筑经历过多次修建，现在的室内装修是建筑师弗朗切斯科·博罗米尼在17世纪设计的。

维也纳邮政储蓄银行

地　　点： 奥地利，维也纳
建造时间： 1904年 — 1906年
建筑用途： 银行
建筑设计： 奥托·瓦格纳

- 维也纳邮政储蓄银行的大厅看上去很像三跨式巴西利卡。
- 一楼是大厅，上方是玻璃天窗。厅内矗立着细长的钢铁支柱，这些支柱将大厅同两边的"侧廊"分隔开来。
- 阳光能透过玻璃地板到达地下一层，这样的设计不只是用来装饰，还能节省照明系统的开销。这里是信箱和邮件分拣室。
- 这座建筑使用了当时比较先进的钢筋混凝土材料，以及金属、石料和玻璃等建材。
- 维也纳邮政储蓄银行完美切合建筑师本人的建筑理念：不实用的东西就不可能美丽。

第12章

普利兹克建筑奖

你一定听说过诺贝尔奖，它是为了表彰获奖人在科研、文学等领域对世界和人类做出的卓越贡献而设立的。

而建筑学界的诺贝尔奖，即世界建筑领域最高荣誉奖项，是一年一度颁发的普利兹克建筑奖。奖项只颁发给在世的建筑师，以表彰他们在建筑设计中所表现出来的天赋、努力、对艺术的付出，及其通过建筑为人类及人工环境方面所做的贡献。该奖由芝加哥商人杰伊·普利兹克和妻子辛蒂于1979年共同发起，两人都坚信它将会促进建筑学知识的普及，并激发建筑师不断发挥创造力。

奖项的独立评审委员会由5~9位专家组成，他们分别在建筑界、商界、教育界和文化界等领域拥有较高的专业地位。获奖人会得到一份特别的证书、一枚铜制奖章和10万美元的奖励。颁奖仪式一般在每年5月份举行，每次都在不同的地方，地点一般会选择世界各地的著名建筑。通常，每次会奖励一位建筑师。2017年，普利兹克建筑奖出人意料地被颁发给了3位建筑师。2018年，该奖被颁发给了印度建筑师巴克里希纳·多西，他的人生使命是保障印度社会最底层人民的居住环境。评审团赞赏他的天赋和杰出的能力，更看重他为国家投入工作的热情。

2019年，来自日本的后现代主义建筑师矶崎新获得了该奖项。2020年，两位女性建筑师伊冯·法雷尔和谢莉·麦克纳马拉共同获得了该奖项。2021年，普利兹克建筑奖被颁发给了安妮·拉卡顿和让·菲利普·瓦萨尔，他们致力于为建筑的使用者们带去生活便利和情感福祉。

2022年，非洲建筑师迪埃贝多·弗朗西斯·凯雷夺奖，他充分利用当地的材料，他的建筑为社区而建，与社区共存。

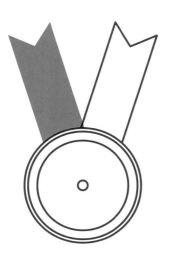

书中出现过的普利兹克建筑奖得主：

第1章 石头

彼得·卒姆托，2009年

王澍，2012年

第2章 砖

雅克·赫尔佐格和皮埃尔·德·梅隆①，2001年

第3章 混凝土

约恩·乌松，2003年

阿尔瓦罗·西扎，1992年

扎哈·哈迪德，2004年

安藤忠雄，1995年

第4章 玻璃

菲利普·约翰逊，1979年

贝聿铭，1983年

诺曼·福斯特，1999年

伦佐·皮亚诺，1998年

弗兰克·盖里，1989年

第6章 高塔大楼

让·努维尔，2008年

雷姆·库哈斯，2000年

第8章 拱券

拉斐尔·莫内欧，1996年

第9章 穹顶

理查德·罗杰斯，2007年

第10章 集中式建筑

奥斯卡·尼迈耶，1988年

① 雅克·赫尔佐格和皮埃尔·德·梅隆两人合办有赫尔佐格和德·梅隆建筑设计事务所。

图书在版编目（CIP）数据

建筑的奇迹 ／（波）玛格达莱娜·耶伦斯卡著 ；
（波）阿加塔·杜德克，（波）马乌戈热塔·诺瓦克绘 ；
赵祯译. —— 天津 ：新蕾出版社，2023.8
　　ISBN 978-7-5307-7181-5

　　Ⅰ．①建… Ⅱ．①玛… ②阿… ③马… ④赵… Ⅲ.
①建筑学－少儿读物 Ⅳ．① TU-49

中国国家版本馆 CIP 数据核字 (2023) 第 094399 号

Text and Illustrations © 2018 by Muchomor.
All rights reserved. No part of this book may be reproduced in any form without written
permission from the publisher.
First published in Polish by Muchomor, Warszawa, Poland.
Simplified Chinese edition copyright © 2023 THINKINGDOM MEDIA GROUP LIMITED

津图登字：02-2023-097

书　　　名：建筑的奇迹 JIANZHU DE QIJI
著　　　者：[波兰] 玛格达莱娜·耶伦斯卡
绘　　　者：[波兰] 阿加塔·杜德克　[波兰] 马乌戈热塔·诺瓦克
译　　　者：赵　祯
责任编辑：张　杨
特约编辑：郭　婷　徐彩虹
美术编辑：王小喆
内文制作：王春雪
责任印制：万　坤
出版发行：天津出版传媒集团
　　　　　新蕾出版社
http://www.newbuds.com.cn
地　　　址：天津市和平区西康路 35 号（300051）
出 版 人：马玉秀
电　　　话：总编办（022）23332422
传　　　真：(022) 23332422
经　　　销：全国新华书店
印　　　刷：北京奇良海德印刷股份有限公司
开　　　本：787mm×1092mm　1/8
字　　　数：88 千
印　　　张：12.5
版　　　次：2023 年 8 月第 1 版　2023 年 8 月第 1 次印刷
书　　　号：978-7-5307-7181-5
定　　　价：128.00 元

版权所有，侵权必究
如有印装质量问题，请发邮件至 zhiliang@readinglife.com